KB107022

세계문화유산과 함께하는

지구촌 순례기

세계문화유산과 함께하는

지구촌 순례기

도영 스님

그림 · 의자 / 김찬주

해조음

길 위의 순례자가 되어
나는 죽영竹影이요 월륜月輪이었네

여행은 자유를 갈망하는 인간의 본능입니다. 여행은 시간과 공간을 뛰어넘어 낯선 곳에서 유영하며 진정한 나를 만나는 수행의 하나가 아닐까요. 1987년 어쩌다 시작된 바깥 나들이가 40여 년의 시간과 함께 그동안 방문한 곳이 5대양 6대주 150여 개 나라가 되었습니다. 뒤돌아보니 많은 시간을 길 위의 순례자가 되어 세상 구경을 한 셈이군요. 앞으로 여력이 되어 더 많은 나라를 갈 수 있을지는 미지수지만 문득 떠나고 싶을 때 또 떠날 것만 같은 예감을 떨쳐 버릴 수가 없습니다.

어릴 때부터 해외에서 일하는 외교관이 되거나 방송국 특파원이 되기를 꿈꿨습니다. 그게 안 되면 배낭 여행자가 되어 세계를 두루 여행하고 싶었습니다. 왜 그런 꿈을 꾸었는지는 모르겠지만 지구의를 돌리며 많은 나라를 눈으로 익히며 한 번쯤 가 봤으면 하는 꿈을 계속 품고 있었나 봅니다. 세상에 대한 막연한 호기심과 설렘으로 가득했던 생각들이 지워지지 않고 이루어진 것인지도 모르겠습니다.

여행은 나에게 많은 가르침을 선물했습니다. 불같은 혈기왕성한 성격을 어느새 차분하고 무던한 사람으로 바꾸어 주었고, 불평불만으로 가득했던 생각들을 배려하고 존중하며 사려 깊은 마음 씀으로 변화시켜 주었습니다. 세상에 대한 안목과 어느 쪽으로도 치우치지 않는 중도中道의 길을 걸어가도록 이끌어 주었습니다. 나에게 여행은 나를 변화시켜 주는 진정한 스승이요, 언제 어디서나 할 수 있는 수행이었습니다.

비구름을 만나 심하게 요동치던 기체 속에서 느꼈던 두려움, 대화도 잘 통하지 않던 사람들 사이에 내동댕이쳐졌다고 느꼈던 막연함, 여권과 귀중품을 도둑맞고 망연자실하던 당혹감, 아마존 오지에서 심하게 열이 나서 어쩔 줄 몰라 하던 생사의 갈림길 등등 이 모든 어려움을 극복할 수 있었던 것은 여행에서만 체험하고 느낄 수 있었던 그 무엇이 있었기 때문입니다.

수많은 어려움이 있었음에도 불구하고 여행길에서 만난 많은 사람들이 항상 보내 주던 따듯한 미소, 의미도 모르지만 왠지 기분 좋게 해 주던 친절한 말 한마디, 온통 마음을 빼앗아 모든 힘들었던 시간을 잊게 만들어 준 대자연의 웅장함, 언제나 그 자리를 지키며 세월을 견뎌 내고 있던 옛 사람들이 남긴 문화의 발자취들, 이런 장면들이 나를 또다시 여행길에 오르게 마음을 움직였던 게 아니었을까요.

나의 여행은 대부분 홀로 하는 배낭 여행이었습니다. 가끔은 인연 있는 사람들과 동행을 하기도 했지만 홀가분하게 혼자 훌쩍 떠날 때가 많았습니다. 옷 한 벌로 버티며 기차 안이나 값싼 숙소에 묵으면서 때로는 현지에서 여행 경비를 마련하기 위해 노동을 하면서 주어진 환경에 나를 적응시키는 순례 여행이었습니다. 그 속에서 느끼며 배우고 터득한 버리고 또 버리는 연습은 살아가는 데 큰 힘이 되고 버팀목이 되어 주었습니다.

여행에서 느낀 소회를 짧은 시로 적어 봅니다.

세상 어느 곳에도 사람은 살고 있고
사람 사는 모습 하등 다를 바 없네
감싸고 보호해 주는 자연 속에서
배고프면 밥 먹고 졸리면 잠 잔다
여행 내내 걷고 또 걸으며
나는 죽영竹影이요 월륜月輪이었네.

이 책에서는 여행을 하면서 만난 수많은 세상 풍경들 중에서 52개국을 골라 유네스코 세계문화유산을 중심으로 그 나라의 개요와 특징, 문화 유산에 대한 상념 등을 대략적으로 기록하였습니다. 무심하게 떠난 여행이었기에 남겨둔 사진도 거의 없고, 모아둔 자료도 많지 않아 세계 각국의 유명 유적지를 둘러본 내용과 느낌을 간단하게 정리하였습니다. 큰 감동이 있거나 소소한 에피소드들을 엮은 것이 아니기에 다소 밋밋할 수 있을지 모르겠지만 유적지에 대한 정보와 그림에는 정성을 기울였습니다. 이 책이 여행을 꿈꾸는 인연 있는 사람들의 작은 길동무가 된다면 더없이 고맙겠습니다.

이 책이 나오기까지 도움을 준 인연들이 있습니다. 코오롱스포츠 대구성서점 이애숙 대표님과 (주)옛터 건축사사무소 이원길 대표님께 진심으로 감사드립니다. 그림을 그려준 의자, 김찬주 두 화가에게도 이 자리를 빌어 고맙다는 말을 전합니다. 책 발간에 애써 준 해조음 출판사 정태화, 이철순 두 분께도 고마운 마음을 전합니다. 인연 있는 주위 많은 분들에게도 깊은 감사의 말씀을 드립니다.

모든 이들이 괴로움에서 벗어나 건강하고 행복하기를 두 손 모읍니다.

2023년 9월 어느 맑은 날

해인사 용탑선원에서

차례

봄

빛나는 오아시스를 꿈꾸는 아련한 봄날

여름

에메랄드 빛에 물든 여름 해변

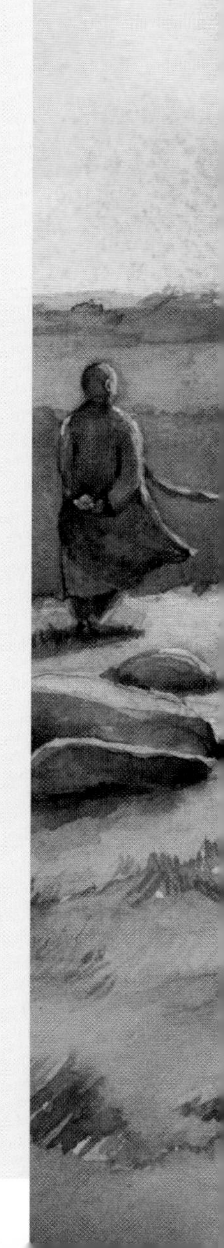

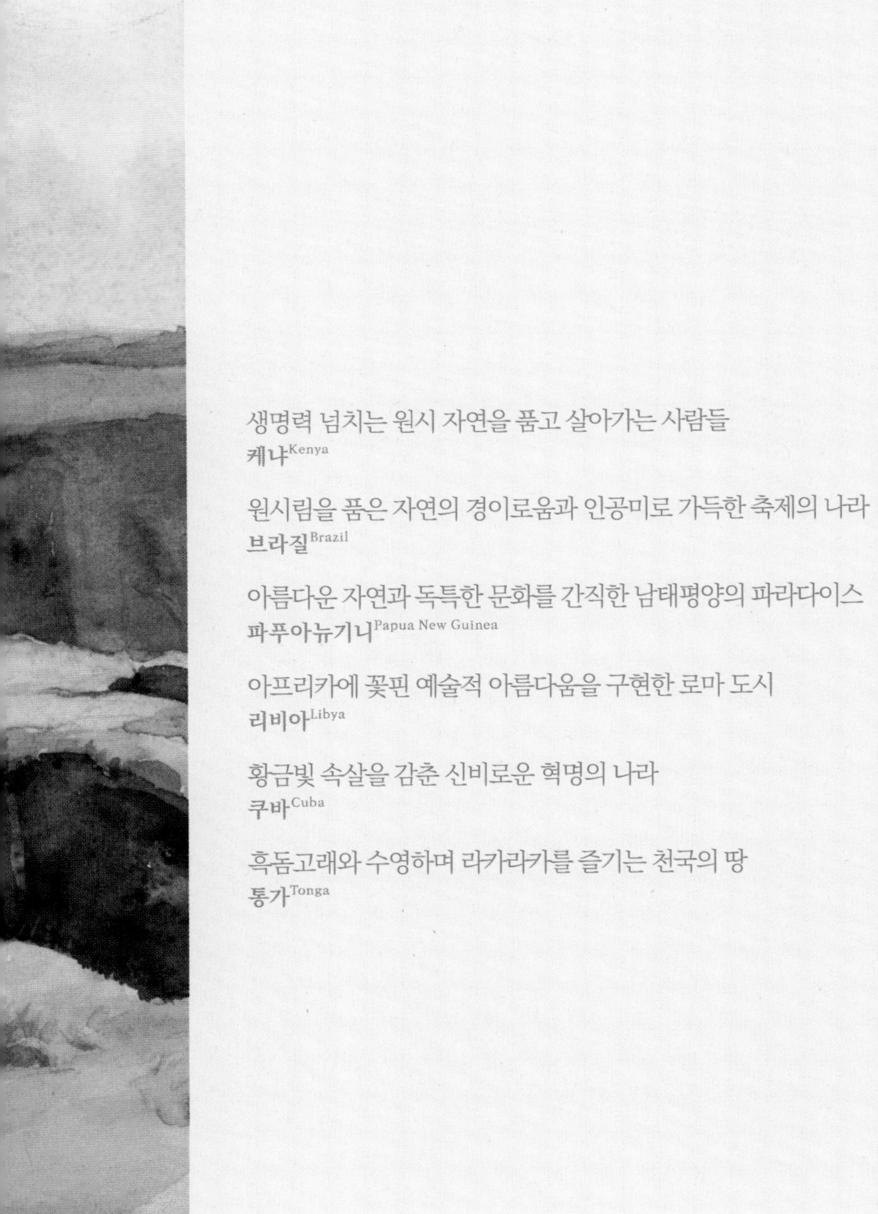

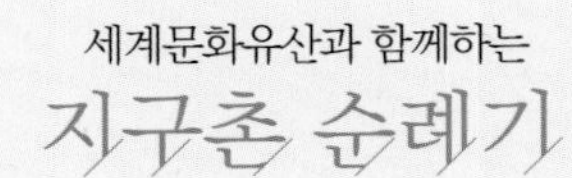
세계문화유산과 함께하는
지구촌 순례기

가을

석양에 빛나는 장밋빛 가을 풍경

세계문화유산과 함께하는

지구촌 순례기

겨울

눈부신 순백의 대자연이 펼치는 겨울 세상

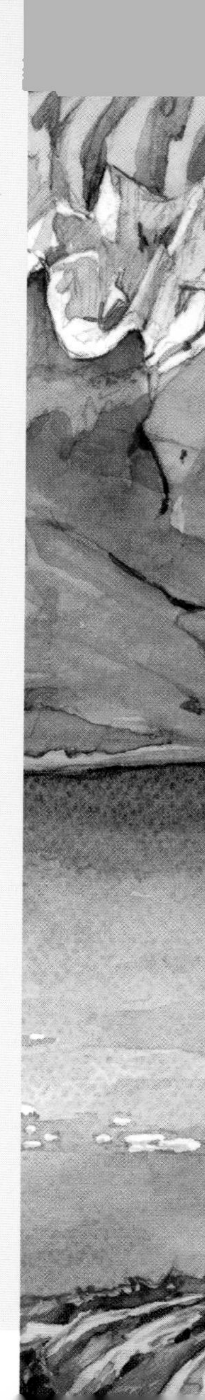

세계문화유산과 함께하는

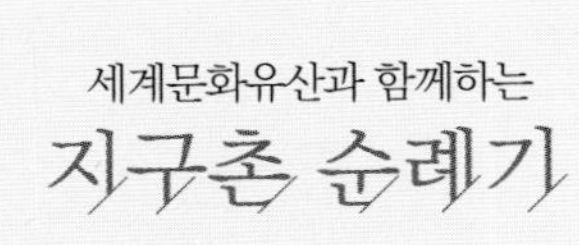

봄

빛나는 오아시스를 꿈꾸는 아련한 봄날

나미비아 Namibia
인도 India
감비아 Gambia
몰도바 Moldova
에티오피아 Ethiopia
이스라엘 Israel
이집트 Egypt
티베트 Tibet
시리아 Syrian Arab Republic
부탄 Bhutan
탄자니아 Tanzania
파키스탄 Pakistan
오만 Oman

모래 바다에 흔적 없는 발자취를 남기며

나미비아Namibia

살아가다 보면 자신도 모르게 매일 반복되는 일상의 틀에 갇히곤 한다. 그럴 때 그 탈출구로 여행을 떠나 보고 싶어한다. 여행에서 얻는 최고의 에너지는 결국 자연과의 교감이 아닐까. 자연과의 교감은 과다한 경쟁이나 이해관계를 풀어 주고 무거웠던 마음, 성급했던 들뜸을 차분하게 가라앉혀 신선한 기운을 불어넣어 준다. 자연에서 얻은 기운은 아름다운 감성과 의욕을 북돋우고 메말랐던 마음을 부드럽고 관대하게 해 주는 힘이 있다. 그래서 사람들은 여행에 많은 비용을 치르는가 보다.

2001년 처음으로 아프리카 여행을 시작해 다섯 번에 걸쳐 아프리카의 여러 나라를 방문했다. 아프리카 여행의 매력에 빠지면 한 번으로는 부족하다는 것을 스스로 알게 된다. 아프리카 여행에서 빼놓을 수 없이 찾아가는 곳이 바로 나미브Namib 사막이다. 사막 여행은 많은 여행자들의 로망이자 꼭 가 봐야 하는 순례지로 여긴다. 메마른 사막을 여행하면서 대자연의 위대함에 절로 고개가 숙여진다. 신비와 경이를 가득 품은 사막 여행을 만끽하는 즐거움은 그 어디에서도 쉽게 느끼기 어려우리라.

나미비아는 서아프리카에 위치하며 넓은 땅에 비해 인구는 200만 명이 조금 넘어 세계에서 두 번째로 인구 밀도가 낮은 나라에 속한다. 동쪽으로 보츠와나, 남쪽으로 남아프리카공화국, 북쪽으로 앙골라와 북동쪽 끝부분에 잠비아와 국경을 맞대고 있다. 남쪽 남아프리카공화국 국경에서 시작해 앙골라까지 1,900km의 대서양을 품고 있다. 해안을 따라 나미비아의 1/5을 차지하는 나미브 사막은 대자연의 경이로움을 선사하며 광대하게 펼쳐져 있다.

2013년 유네스코 세계문화유산에 '나미브 모래 바다Namib Sand Sea'로 등재된 나미브 사막은 사막이라 하지 않고 '모래 바다'라 부른 것만 봐도 사막이 얼마나 광활하게 펼쳐져 있는지 짐작할 수 있다. 8천만 년의 역사를 지닌 지구상에서 가장 오래된 나미브 사막은 인간의 상상력을 뛰어넘는 거대한 규모로 압도한다. 자성磁性을 띤 철 성분이 모래에 섞여 있어서 붉은 사막으로도 불린다. '나미브'라는 말은 나마Nama 족 언어로 '아무 것도 없는 땅'을 의미한다. 그것은 곧 '사막'을 가리킨다. 정말 사막에는 아무 것도 없는 걸까.

나미브 사막은 모래가 바다와 접해 있어 세계에서 가장 아름다운 사막으로 불리며, 곳곳에서 원시 자연의 신비를 체험할 수 있다. 아무 것도 살 수 없을 것 같은 메마른 사막에는 마치 한 폭의 그림처럼 고사목枯死木이 서 있고, 여기저기에 희귀 식물이 살고 있다. 또 모래 평원에는 카멜레온, 도마뱀 등 파충류들이 숨 쉬며 생명을 이어가고 있다. 나미브 사막은 남극에서 발원해 서아프리카를 거쳐 북상하는 한류인 벵겔라Benguela 해류가 가져오는 강한 바람 때문에 사구沙丘를 만들고 동쪽으로 갈수록 고도가 높아진다. 대부분의 여행객들은 나미브 사막에서 가장 유명한 듄Dune 45에서 사막 여행을 만끽한다.

사람들은 왜 사막으로 가는 걸까. 사막의 신기루를 잡기 위해서? 아니면 사막에서 모든 것을 내려놓고 절대 고독과 절체절명絶體絶命의 순간을 경험해 보고 싶어서? 그것도 아니라면 삶에 대한 근본 질문에 대한 해답을 얻기 위해서일까? 자신이 힘겹게 오른 모래 능선이 흔적도 없이 사라지는 걸 체험하면서 스스로 작은 모래가 되고 싶은 건 아닐까. 하늘과 바람과 별 그리고 모래 바다 속에서 사람들은 자연에 순응하는 법을 배우기 위해 사막을 찾는지도 모른다. 사막은 때로는 인간의 한계를 알려 주며 단호하게 접근을 거절한다. 거대한 힘으로 불어오는 모래 폭풍 앞에서 인간은 한없이 작아지고 초라해질 수밖에 없다. 그 안에서 나도 모르게 두 손 모으고 하심下心하며 겸손해진다. 사막은 영혼의 침례식을 치르는 공간이라고도 한다. 사막에 서면 '나는 누구인가'라는 근원적 질문과 맞닥뜨리지 않을 수 없다.

세계에서 가장 오래된 나미브 사막 여행에서 하늘과 맞닿아 광활하게 펼쳐져 있는 모래 바다를 맘껏 헤엄치며 자연이 만들어 놓은 태초의 신비에 빠져들 때면 사막은 마치 음악을 하듯 웅웅거리며 소리를 내는 것 같다. 그 소리에 가만히 귀 기울여 보라. 밤이면 쏟아질 듯 내리흐르는 별들의 무리에

모래 바다 © 김찬주

그만 넋을 잃고 만다. 그 숨막히는 아름다움에 모든 것을 내려놓고 모래 바다를 천천히 걷고 또 걷는다. 태양의 강한 열기를 온몸으로 느끼며 경이롭고 신비한 사막의 공간 속으로 들어가 보라. 사막을 걷는 동안 인간이 자연 앞에서 얼마나 보잘것없는 존재인지를 스스로 깨닫게 되리라.

사막의 모래는 움켜쥘 수도 없다. 스르르 손가락 사이로 빠져나가는 모래알을 보면서 제행무상諸行無常의 가르침이 얼마나 위대한지 깨닫게 된다. 거센 바람이 완성한 모래선을 따라 여행객들은 대자연에 흔적 없는 발자취를 남긴다. 나도 그들의 행렬을 따라 걸으며 고행의 순례자가 되어 본다.

불교 미술의 정수,
석굴에 나투신 부처님께 예경 올리다

인도India

인도에서는 인간의 삶을 네 단계로 세심하게 구분하여 살라고 가르친다. 첫 번째 기간 동안에는 공부를 하고, 두 번째 시기에는 삶을 경험하고, 세 번째 구간에는 자신의 경험을 자식에게 다 가르친 후 숲을 향해 떠날 준비를 하고, 네 번째 시간에는 세상 인연을 초월하고 수행으로 접어드는 과정을 거치면서 서서히 죽음을 준비한다. 어느 것 하나 중요하지 않은 시기가 없지만 공부를 하고 경험을 축적하는 젊은 시기를 잘 보내야 남은 인생이 풍요로워질 수 있다. 젊은 시절에는 감성과 열정이 필요하다. 먼저 무엇이든 긍정적으로 받아들일 수 있는 감성의 문을 열어야 한다. 그런 다음 목표를 세우고 꿈을 향해 도전하고 모험하는 열정의 에너지가 있어야 한다. 여행은 감성과 열정의 경험을 쌓기 위한 가장 좋은 방법이 아닐까.

인도는 세계 7위의 면적과 인구수로는 14억이 넘어 중국을 제치고 세계 1위의 자리를 차지하고 있다. 북서쪽으로는 파키스탄, 북동쪽으로는 중국·네팔·부탄, 동쪽으로는 미얀마와 국경을 접한다. 북동부는 방글라데시를 3면으로 둘러싸고 있다. 남동쪽 면은 벵골만, 남서쪽 면은 아라비아해와 접해 있다. 반도 국가 가운데 가장 넓은 면적을 갖고 있는 인도는 세계에서 가장 다양한 민족과 언어, 철학과 종교를 가진 나라다.

인도에는 전 세계의 모든 종교가 다 있다고 해도 과언이 아닐 정도로 여러 가지 신앙을 가진 종교의 나라다. 힌두교·자이나교·불교·시크교 등 고유 종교와 함께 이슬람교·그리스도교·유대교·조로아스터교 등 외래 종교와 함께 애니미즘까지 발달해 있다. 그야말로 인도는 세계적 종교 발상지인 동시에 근거지이다. 인도인에게 종교란 각자의 옷을 입는 것처럼 사람 수만큼 있어야 한다고 말할 지경이다. 수많은 종교 중에서 힌두교가 80% 이상으로 절대 다수를 차지한다. 2천 개가 넘는 언어 중 힌디어는 공식 국가 언어로 가장 많이 사용되고 있다.

인도 뿌나대학교University of Pune 초청으로 1987년부터 1990년까지 3년 동안 인도에 머물며 공부한 적이 있다. 인도에 머물면서 오쇼 라즈니쉬Osho Rajneesh 아쉬람에서의 명상 체험은 마음의 안정을 찾는 데 도움이 되기도 했다. 그 후에도 기회가 될 때마다 부처님 성지 인도에는 수차례 방문해 친근하면서도 익숙한 느낌이다. 광활한 국토를 가진 인도 북부 지방에 위치한 히말라야 산맥은 해발 7,300m 이상의 높은 봉우리가 30여 개나 분포할 정도로 세계에서 가장 높다. 산 정상은 만년설로 덮여 있어 영적 신비감을 자아낸다. 북인도를 흐르는 갠지스Ganges 강은 힌두교도들의 성지

보드가야 대탑 © 김찬주

로 숭배하고 추앙받으며 산 자와 죽은 자를 위한 의식이 끊임없이 행해지고 있다.

인도에는 일반적인 상식을 뛰어넘는 특별한 풍습도 많고 가 볼 만한 여행지도 워낙 많아서 관광 명소에는 늘 사람들로 북적인다. 사람들이 가장 많이 찾는 대표적인 명소는 아그라Agra에 있는 타지마할Taj Mahal이다. 타지마할은 샤 자한Shah Jahan 왕이 왕비 뭄타즈 마할Mumtaz Mahal을 그리며 22년에 걸쳐 건축된 거대한 무덤이다. 가장 완벽한 대칭으로 지어진 타지마할은 1983년 유네스코 세계문화유산으로 지정된 세계에서 가장 아름다운 사랑의 기념비로 평가 받는다. 사랑의 그리움이 대리석에 고이 잠들고 있는 타지마할은 인도 여행에서 빼놓을 수 없는 여행지다.

여러 종교 가운데 불교는 인도에서 발생한 대표 종교이다. 불교는 마우리야Maurya 왕조의 아소카Ashoka 왕 시기에 광범위하게 확산되어 지금도 불교 유적은 인도 전역에 걸쳐 남아 있다. 특히 불교 석굴 유적은 1.200여 개에 달한다. 인도 서부 마하라슈트라Maharashtra 주州 중북부 아잔타 마을 근처에 있는 아잔타Ajanta 석굴은 절벽을 파내어 만든 동굴 사원과 수도원으로 불교 미술의 정수를 보여 준다. 아잔타 석굴은 기원전 2세기부터 기원후 1세기, 다시 5세기부터 7세기의 두 차례에 걸쳐 조성되었다. 주로 후반부인 굽타Gupta 왕조 시대에 집중적으로 지어졌다. 굽타 양식의 대표작으로 불리며 소중한 인도 불교 문화유산으로 인정 받아 1983년 세계문화유산에 등재되었다. 전 세계 석굴의 최고봉으로 일컬어지는 아잔타 석굴은 말발굽처럼 돌아가는 계곡을 따라 29개나 되는 동굴들이 빼곡히 들어서 있다.

아잔타 석굴 © 의자

아잔타 석굴은 천 년 넘게 밀림에 묻혀 있다가 1819년에 호랑이 사냥 중이던 영국 동인도 회사의 병사에 의해 발견되었다. 석굴은 5개의 차이트야chaitya와 24개의 위하라vihara로 구성되어 있다. 차이트야는 굴 내부에 두 줄로 커다란 돌기둥과 회랑이 있고 그 안쪽에 탑이나 불상을 모신 작은 사원이다. 반면 위하라는 법당과 스님들의 거처를 모두 갖춘 형태의 사원이다. 이곳에는 참선 공간으로 돌로 만들어진 가구가 비치되어 있고 설법을 위한 공간도 마련되어 있다. 한국의 가람 배치로 보자면 차이트야는 금당金堂, 위하라는 강당講堂의 역할을 하였던 것으로 보여진다.

아잔타 석굴의 또 다른 가치는 남방 불교와 대승 불교의 흔적이 서로 대비되면서 공존하고 있다는 사실이다. 석굴에는 눈여겨봐야 할 아름다운 프레스코fresco 벽화가 있다. 천연석 위에 회칠을 하고 그 위에 채색 그림을 그린 프레스코 벽화는 주로 5세기 경에 조성되었는데, 아름다움의 극치를 보여 준다. 부처님을 묘사한 벽화는 광채가 나는 듯한 효과를 내기 위해 노란색과 녹색을 섞거나 번갈아 사용하였다. 특히 1번 석굴의 연꽃을 들고 있는 연화수보살상은 세계 고고학자나 고미술 연구가들에게 큰 영감을 준다. 영롱한 색감이 고스란히 남아 있는 이 벽화는 빼어난 아름다움으로 절로 두 손 모으게 한다. 아잔타 석굴은 시대에 따라 후원자에 따라, 긴 세월 동안 각기 다른 모습으로, 또는 비슷한 모습으로 만들어졌다. 한 개의 바위에 외부 입구에서부터 내부로 감아 들어가며 조성된 아잔타 석굴은 불교도가 아니더라도 큰 감동을 안겨 준다.

지금은 쇠락했지만 번성했던 과거 인도 불교의 모습이 고스란히 보존되어 있는 석굴에는 많은 이야기가 담겨 있다. 석굴 앞에 서면 잃어 버리고 잠깐

쉬고 있는 우리를 과거의 화려한 불교 전성시대로 데려다 주는 듯하다. 수십 년에서 수백 년에 걸쳐 바위를 깎고 정釘으로 불상을 새겨 넣은 노력의 흔적을 보면서 삼보三寶에 대한 예경으로 절로 고개가 숙여진다.

세계에서 가장 일찍 문명과 역사가 발달한 나라 인도는 천의 얼굴을 가졌다 해도 과언이 아니다. 가끔은 이해하기 힘든 일들이 넘쳐나지만 붓다의 위대한 깨달음의 장소 마하보디Mahabodhi 사원을 비롯해 수많은 불교 유적을 품고 있는 성스러운 나라가 바로 인도다. 불자라면 한 번쯤 인도 불교 성지 여행을 발원해 보는 것도 무척 의미 있는 일이리라. 다양한 민족과 문화, 종교를 가진 인도가 더욱 빛나는 것은 거룩한 부처님께서 이 나라에서 탄생하셨기 때문이다.

스리나가르 달호수 벙어리 형제들과 함께(1990년)

타지마할을 배경으로(2003년)

노예 역사를 품은 감비아 강, 다시는 고통 겪지 않기를

감비아Gambia

살아가면서 어떤 일에 에너지를 쏟아부어 몰두해 보는 경험은 삶을 지탱하는 큰 힘이 된다. 아프리카 여행의 마력에 빠지면 한 번으로는 부족하다는 것을 스스로 알게 된다. 여행 때마다 느끼는 것이지만 사람 사는 데는 어디든 다 같다는 생각이 든다. 우리와는 사뭇 다를 것이라는 막연한 선입견으로 아프리카 대륙에 발을 디디는 순간, 그들도 우리와 똑같은 희로애락의 굴레 속에서 울고 웃으며 지구인으로 살아간다는 사실을 알게 될 것이다. 누구보다도 자연에 순응하며 주어진 환경을 잘 받아들이고 소박한 삶에서 행복을 느끼는 그들의 터전, 아프리카는 어쩌면 낭만의 땅인지도 모르겠다.

아프리카 여행에서 꼭 들러 보아야 할 곳이 바로 감비아다. 감비아는 아프리카 북서부에 위치하며 인구는 200만 명이 조금 넘는 작은 나라다. 대서양에 접한 감비아Gambia 강의 하구를 제외하고는 대부분 세네갈과 국경을 마주하고 있다. 감비아는 1821년 영국 최초의 아프리카 식민지였고, 세네갈과 인접해 있어 문화와 종교는 그 영향을 많이 받았다. 하지만 감비아에 거주하는 다양한 종족의 삶은 그 자체가 전통 문화의 중심이 되었다. 그들에게 있어서 춤과 음악은 삶과 직결되는 문화이다.

감비아에는 감비아 강이 있다. 강 이름이 곧 나라 이름이 된 감비아에서 강은 곧 생명과 직결되기 때문에 강이 갖는 의미는 지고지순하며 신성한 것임을 잘 말해 준다. 끝이 보이지 않는 넓은 강물과 함께 만난 풍경들은 지극히 평화롭고 한적하다. 감비아는 아프리카 대륙에서 가장 작은 국가에 속하지만 그 땅이 가진 매력은 결코 작지 않고 매우 밝게 빛난다. 인구의 대부분은 국토를 가로지르며 흐르는 감비아 강가에서 산다. 대서양 해안 리조트의 황금 해변을 갖고 있는 감비아의 문화는 아름다움과 친절함으로 가득하다.

감비아의 대표적인 문화 유산은 제임스James 섬으로 불린 쿤타킨테Kunta Kinteh 섬과 관련된 유적이다. 쿤타킨테 섬은 감비아 강 중심에 있는 0.3ha 규모의 작은 섬이지만 수로 통제를 위한 전략적 장소로 여기며 오랜 세월 동안 인간이 거주했던 곳이다. 감비아 강 유역은 아프리카 내륙으로 들어가는 최초의 무역 항로였기에 유럽의 여러 나라에서 눈독을 들인 곳이기도 하다. 그렇기에 그곳에는 역사의 아픔이 서려 있다.

쿤타킨테 섬에는 감비아 강을 따라 15~20세기까지 유럽이 아프리카로 진출하면서 만들어 낸 문화 흔적이 고스란히 남아 있다. 유적으로는 요새와 노예들의 거처, 취사장과 대장장이의 가게 등이 있었으나 지금은 대부분 폐허가 되었다. 18세기 노예 무역이 폐지될 때까지 노예가 하나의 무역 상품이 되는 슬픈 역사를 간직하고 있다. 아프리카의 디아스포라diaspora라 할 수 있는 이곳은 노예 무역의 역사 현장이기도 하다. 이 유적은 아프리카와 유럽이 충돌하면서 노예 무역의 시작과 끝을 보여 주는 역사적 증거가 잘 보존되어 있다. 2003년 유네스코 세계문화유산에 쿤타킨테 섬과 관련 유적Kunta Kinte Island and Related Sites으로 등재 되었다.

쿤타킨테 섬에 첫발을 들여놓으면서 제일 먼저 생각난 것은 영화 '뿌리ROOT'의 주인공 쿤타킨테다. 영화는 흑인 소설가 알렉스 헤일리Alex Haley의 원작 소설을 바탕으로 하고 있다. 노예로 팔려가 미국에 살게 되면서 겪게 되는 흑인들의 안타까운 삶과 그 속에 녹아든 가족애가 가슴을 울리고 진한 감동을 남긴 작품이다. 소설은 1750년 감비아 만딩카Mandinka 부족이 사는 주푸레Juffureh 마을에서 시작된다. 노예 사냥꾼에게 잡혀 노예선을 타게 되고 멀리 미국으로 끌려가 노예로 살게 된 쿤타킨테의 파란만장한 삶이 적나라하게 펼쳐진다. 주인공은 토비라는 이름을 붙여 주지만 한사코 '쿤타킨테'라는 이름을 찾으려고 한다. 한 인간으로서 독립된 인격체를 갖고 자유를 갈망하며 자기의 이름을 잃지 않으려는 쿤타킨테의 외침이 강바람과 함께 메아리 되어 들려오는 듯하다.

쿤타킨테 섬으로 가기 위해서는 감비아의 수도 반줄Banjul에서 페리를 타고 주푸레 마을까지 가야 한다. 주푸레 마을에서 다시 배를 타고 가야만 강의 한 가운데에 있는 섬에 도착할 수 있다. 쿤타킨테 섬에는 영화의 주인공 쿤타킨테가 노예로 잡혀 투옥되었던 동굴이 그대로 보존되어 있어 가슴 뭉클

쿤타킨테 섬 © 의자

하다. 섬에서는 허물어진 감옥의 돌담과 우물터, 관망대, 사무실 등의 유적을 두루 관람할 수 있다.

쿤타킨테 섬에는 역사의 현장을 남김없이 지켜보아 온 웅장한 크기의 바오바브Baobab 나무가 슬픈 역사를 간직한 채 말없이 서 있다. 낯선 이방인이 침범해 토착민을 잡아다 가두고, 폭력과 무력으로 난폭하게 다루며 마침내 하나의 물건으로 내다 팔았던 노예 무역섬 쿤타킨테의 슬픈 이야기를 바오

쿤타킨테 섬 © 김찬주

바브 나무는 다 알고 있으리라. 인간을 물건 취급하며 사고팔았던 슬픈 노예 무역의 역사를 간직한 쿤타킨테 섬에 우뚝 서 있는 바오바브 나무가 오늘따라 더욱 쓸쓸해 보인다.

쿤타킨테의 역사를 더 자세히 알기 위해서는 알브레다Albreda 마을로 가야 한다. 노예무역박물관에는 졸지에 사냥 당한 아프리카 흑인들의 모습이 생생하게 그려져 있다. 박물관에는 쿤타킨테의 7대손으로 자신의 뿌리를 찾아가는 여정을 그린 자전적 소설을 쓴 작가 알렉스 헤일리의 역사도 잘 간직하고 있다. 이 마을에서 가장 인상적인 조형물은 쇠사슬에 묶여 두 팔을

벌리고 있는 노예 조각상이다. 조각상 앞에는 'NEVER AGAIN'이란 글씨를 새겨 놓았다. 이 땅에 다시는 노예 제도가 없기를 간절히 바라는 마음에서 세워진 것이라고 하니 더욱 숙연해진다. 흑인 노예들의 슬픈 역사를 품으며 오늘도 말없이 흐르는 감비아 강을 바라보며 그들이 두 번 다시 고통 겪지 않기를 두 손 모아 본다.

쿤타킨테 섬에 세워진 노예 조각상 앞에서(2003년)

영적 유산과 와인의 풍미에 흠뻑 젖는 시간들

몰도바Moldova

여행을 떠난다는 것은 현재의 친숙함과 삶을 옭아매고 있는 얽히고설킨 사슬들로부터의 탈출이다. 여행을 통해 자연을 통째로 즐기고 영혼까지 달콤해지는 순간을 맞이한다면 더할 나위 없이 행복하리라. 가끔 여행에서 원래 찾으려 했던 것과는 전혀 다른, 어떤 차원 높은 경지에 다다를 수도 있다. 그것은 바로 깨달음이다. 여행을 통해 뜻밖의 사실을 알게 되고 자신과 세계에 대한 놀라운 통찰력을 얻게 된다면 무엇을 더 바랄 것인가. 이런 마법적인 순간을 경험하는 일이야말로 여행에서 얻는 가장 값진 보물이다.

몰도바는 몰도바Moldova 강에서 나라 이름이 유래되었다. 동유럽에 위치한 루마니아, 우크라이나와 인접한 작은 나라다. 오랜 세월 강대국 사이에서 합병과 독립을 반복하며 굴곡진 역사를 거쳐 왔지만 국민의 대부분

키시너우 벨 타워 © 의자

이 종교적 믿음이 강하고 춤과 노래를 즐기는 열정적인 국민성을 지녔다. 2012년에 여행한 수도 키시너우Chisinau는 축복의 땅으로 불리며 활기로 넘치는 아름다운 도시였다.

예술과 건축의 도시 키시너우는 쾌적하고 조용한 도시 풍경들이 이색적으로 느껴지는 곳이라 느릿느릿한 여행을 즐기기에는 안성맞춤이다. 시내 중심에 러시아와 튀르키예의 전쟁에서 러시아가 승리한 것을 기념해 세운 개선문이 도시를 대표하는 건축물로 자리잡고 있다. 파리의 개선문보다 규모는 작지만 몰도바의 상징물이다. 몰도바의 승리가 아니라 러시아의 승리로 몰도바에 세운 개선문이라니 의아한 생각이 든다. 몰도바 사람 중에는 자신이 러시아 사람이라고 여기는 사람이 많다고 하니 얼만큼은 수긍이 간다. 중앙 광장에는 몰도바에서 가장 존경받는 민족 영웅 슈테판 첼 마레 Ștefan cel Mare의 동상이 우뚝 서 있다. 화폐에도 그의 얼굴이 새겨져 있을 만큼 몰도바 국민의 사랑을 한몸에 받고 있다. 국민의 98%가 동방정교를 믿기에 눈길을 끄는 종탑과 성당, 수도원이 있어 몰도바의 특징을 잘 대변해 준다.

몰도바에는 곳곳에 수도원이 남아 있다. 오랜 세월 동안 몰도바 국민들의 영적 생활의 구심적 역할을 한 곳이 바로 수도원이다. 몰도바 스트라세니 Straseni 남서쪽 7km에 고립된 마을인 카프리아나Capriana에는 온갖 박해와 구박에도 당당히 자리를 지킨 대표적인 수도원이 있다. 이곳에는 14세기 고전 바로크 양식으로 지어진 가장 오래된 유물인 성모 승천 교회가 있다. 또 1800년대 지어진 성 니콜라스Saint Nicholas' 교회와 20세기 전환기에 지어진 성 조지Saint George's 교회가 있어 고대 교회 건축물을 감상하는

개선문 © 김찬주

데 더없이 좋은 기회가 된다. 대수도원장의 저택과 식당, 수도자 독방이 남아 있어 종교상을 엿볼 수 있다. 지금도 수도사들이 정진 중이라니 한 번쯤 들러 영적 교감을 갖는 것도 몰도바 여행의 묘미다.

몰도바 여행의 매력은 유럽의 다른 나라들에 비해 저렴한 물가와 다양하고 맛있는 음식 등 여러 가지 요소가 있다. 특히 몰도바 여행에서 발길을 사로잡는 것은 와인이다. 동유럽 최고 품질의 와인을 이곳에서 맛볼 수 있다는 건 큰 행운이 아닐 수 없다. 몰도바의 와인 전통은 세계적으로 명성이 자자하다. 와인을 빼놓고는 몰도바를 이해할 수 없을 정도로 유명하다.

몰도바에는 세계에서 가장 긴 길이의 셀러Cellar를 가진 두 개의 와이너리Winery가 있다. 상상을 초월하는 규모에 놀란다. 총 200km의 셀러 중에서 55km를 양조와 보관에 사용하고 있는 밀레스티 미치Milestii Mici 와이너리가 대표적이다. 이곳에는 150만 병 이상의 와인이 잠들어 있어 기네스북에 등재되어 있을 정도로 규모가 크다. 또 크리코바Cricova 와이너리는 총 120km의 셀러 중에서 현재 70km만 사용하고 있다. 이곳에는 푸틴 대통령을 비롯한 전 세계 유명인들의 셀러가 숨어 있다고 한다.

몰도바의 또 다른 매력은 이곳이 집시Gypsy들의 중심지이자 정신적 고향이라는 점이다. 집시란 정처 없이 떠돌아다니며 방랑 생활을 하는 사람을 비유적으로 이르는 말이지만 현대에 와서 집시는 떠돌아다니지 않고 한 곳에 정착하여 산다. 우크라이나와 국경을 접하고 있는 중소 도시 소로카Soroca에는 발칸반도 집시들이 모여 사는 집시 마을이 있다. 집시들은 그들만의 왕을 따로 세우고, 그들만의 독특한 문화를 형성하고 있다. 집시 문화 중 대표적인 게 바로 집시 음악이다. 몰도바 출신의 세계적인 바이올리스트 세르게이 트로파노프Sergei Trofanov의 '몰도바'는 고향을 그리워하며 만든 집시풍의 음악으로 우리 귀에 익숙한 곡이다. 도입부에서부터 강렬하고 현란한 바이올린 연주는 집시들의 슬픔과 애수가 묻어 나오는 듯하다. 세르게이는 이 연주를 통해 집시의 애환을 환희로 바꾸고 싶었는지도 모르겠다.

소비에트 시대의 모습이 그대로 보존되어 있어 빈티지한 감성으로 여행객을 매료시키는 몰도바. 키시너우 구시가지에서는 가슴 떨리는 추억에 젖어 볼 일이다. 집집마다 와인이 콸콸 쏟아지며 거리 곳곳에는 유명 와인의 이름을 쉽게 만날 수 있는 몰도바 와인 문화는 여행을 더욱 격조 있게 만든다. 와인과 함께 식도락을 즐길 수 있는 동유럽의 숨은 여행지 몰도바에서 낭만 여행에 흠뻑 취해 보면 어떨까.

몰도바 숙소 주인과 함께(2012년)

오랜 역사와 문화를 간직한 커피의 나라

에티오피아Ethiopia

여행은 사람들이 추구하는 수많은 갈망 가운데 빼놓을 수 없는 희망사항이다. 여행은 인생의 자양분이 되고 우리에게 많은 선물을 안겨 주기 때문이다. 여행의 참 가치는 여러 가지가 있을 것이다. 갇혔던 일상에서 벗어나 진정한 자유를 누릴 수 있고, 미지에 대한 호기심과 신비감을 만끽할 수도 있다. 편안한 일상을 버리고 낯선 곳으로 자신을 던지는 일은 어떤 의미일까. 여행을 떠난다는 것은 현재의 친숙하고 안일한 삶에서의 탈출이다. 여행은 일상에서 조금 떨어져 자신이 가꾸어 가는 삶을 다정한 눈으로 지켜보게 해 준다. 때때로 긍정의 고개를 끄덕여 주는 마음의 여유를 찾는 일이기도 하다.

2015년 아프리카 여행에서 오랫동안 기억에 남는 곳을 꼽으라면 에티오피아를 빼놓을 수 없다. 오랜 역사와 문화를 간직한 커피의 나라 에티오피아

파실 게비 곤다르 유적 © 김찬주

는 가난하지만 독특한 전통과 문화를 간직하고 있다. 에티오피아는 아프리카에서 가장 오랜 역사를 간직한 나라로 1979년 유네스코 세계문화유산으로 등재된 파실 게비 곤다르Fasil Ghebbi, Gondar 유적이 있다. 곤다르는 예전 에티오피아 수도이다. 파실 게비는 17세기 무렵 파실리다스Fasilides 황제가 이곳에 성을 지어 역대 황제들의 거처로 사용한 곳이다. 7만㎢의 넓은 지역에 황제의 궁전과 교회, 법원, 연회장, 도서관 등 여러 문화의 영향을 받은 바로크 양식의 석조 건물들이 매우 독특하게 지어져 있다. 곤다르에서 옛 왕국의 번영을 짐작할 수 있는 가장 유명한 명소다.

에티오피아는 기원전 이미 왕국이 존재했고, 4세기에는 기독교를 국교로 삼았다는 기록이 있다. 오랜 역사를 간직한 나라답게 파실 게비 곤다르 유적은 3,000년의 역사와 문화를 간직한 에티오피아를 가장 잘 보여 준다. 1635년 파실리다스 황제는 떠돌이 생활을 접고 곤다르에 정착했다. 이곳에서 황제는 왕실의 위엄과 정통성을 지키기 위해 왕궁을 짓고 번성기를 누렸다. 왕실의 궁전은 성벽으로 둘러싸여 간결하고 단단한 모습으로 단장하고 순례객을 맞는다. 왕궁은 '달걀 성Enqulal Gemb'이라고도 불리는데 탑 지붕의 네 개 모서리가 마치 달걀을 엎어 놓은 것 같다고 해서 붙여진 이름이다. 황제는 이곳에서 군중을 향해 연설을 하기도 하고, 주변 국가들과의 교역으로 나라를 부강하게 만들었다고 한다.

파실 게비 곤다르 유적에는 대를 이어 돌로 지은 왕궁들과 황제의 목욕탕 Fasiledes's Bath, 다브레 베르한 셀라시에Debre Berhan Selassie 교회 등 석조 건물들이 세월의 흔적을 품은 채 버티고 서 있다. 황제의 목욕탕은 매년 수조에 물을 채워 '팀켓Timket 페스티벌'이 열린다. 또 다브레 베르한 셀라시에 교회 내부 천장에는 흑인 얼굴을 한 천사들의 모습이 수백 개 그려져 있어 눈길을 끈다. 이 얼굴이야말로 에티오피아인과 가장 닮은 모습이 아닐까.

에티오피아는 자타가 공인하는 커피 생산국이다. 커피라는 말이 에티오피아 '카파Kaffa'라는 지명에서 비롯됐을 정도로 에티오피아는 커피의 원산지다. 그런데 에티오피아에서는 커피를 분나bunna 라고 부른다. 카파는 옛날에는 독립된 왕국이었고 현재는 에티오피아의 열두 개 행정 구역 중 하나로 커피를 재배하기에 가장 적합한 환경을 갖춘 곳으로 꼽힌다. 에티오피아 커피는 독특한 맛과 향을 가지고 있다. 그것은 높은 해발 고도와 온도 차가 큰 고산 기후의 특징이 최상의 커피를 만들어 내기 때문이다. 커피는 생산 지역에 따라 과일향, 꽃향이 나기도 한다. 에티오피아 커피는 세계에서 가장 오래된 역사와 향과 맛을 지니고 있어 커피 애호가들에게 사랑 받는다. 커피를 좋아하는 한 사람으로서 에티오피아에서 즐긴 커피 맛은 잊을 수 없다.

에티오피아에서 꼭 가 보고 싶었던 다나킬Danakil 소금 사막 여행은 뜨거운 열기로 가득했기에 무척 인상에 남는다. 수도 아디스아바바Addis Ababa의 북쪽에 있는 메켈로 시에서 또 한참을 가야 만날 수 있는 다나킬 소금 사막으로 가는 길은 그리 녹록치 않은 먼 여정이었다. 소금 교역지 베르할레 Berhale를 거쳐 하메들라Hamedela를 지나서야 본격적인 다나킬 소금 광산을 만날 수 있다. 이 소금 사막은 화산의 분화로 인해 용암이 굳어져 만들어진 것이다. 소금을 실어 나르는 긴 낙타 행렬과 끝모를 소금 사막에서 바라보는 석양 빛은 이국적인 아련한 향수를 자아낸다.

여행은 내면의 힘을 기르고 추억을 남긴다. 여행에서 몸과 마음의 균형을 바로 세우고 날마다 새롭게 다시 태어나는 값진 경험들이 기억으로 차곡차곡 쌓이면 든든한 추억의 성벽을 세울 수 있으리라. 추억은 때때로 삶의 한 부분을 지탱하는 힘이 되기도 한다. 아프리카 여행은 더욱 그렇다.

다나킬 소금 사막에서(2015년)

커피 농장에서(2015년)

메시아를 기다리며 통곡하는 사람들

이스라엘Israel

단순하게 살기가 점점 어려운 세상이다. 단순해지려면 먼저 몸이 번거로운 일에 연루되지 않는 게 좋다. 불필요한 관계를 접고 거친 말과 행동을 삼가하여 몸의 에너지를 소모하지 말아야 한다. 욕망을 쫓으려는 피곤함과 좌절감, 불편함과 서러움 등 온갖 감정들로부터 자유로워질 때 마음은 단순함과 고요함을 향해 나아갈 수 있다. 만족함을 알지 못하면 마음은 감각 대상에 따라 질질 끌려가거나 유령처럼 떠돌게 된다. 자신이 가진 것, 얻은 것에 만족할 줄 아는 것이야말로 삶을 단순하게 살아갈 수 있게 하는 지름길이다. 한 번쯤 물질과 정신에 대한 깊은 통찰洞察과 단순한 삶의 주인공이 되기 위해 자기에게로 떠나는 창조적 여행을 해 보자.

지중해 동쪽 끝에 위치한 작은 중동 국가 이스라엘은 북쪽은 레바논, 북동쪽은 시리아, 동쪽과 남동쪽은 요르단, 남서쪽은 이집트, 서쪽은 지중해와 이웃한다. 이스라엘은 지금도 팔레스타인과 분쟁이 끊이지 않는 얼룩진 아픈 역사를 지녔다. 인구의 대부분은 유대인으로 구성되어 있고, 그들은 철저하게 유대교를 신봉한다. 수도인 예루살렘도 전쟁으로 인해 한때 요르단 지역과 이스라엘 지역으로 나누어져 있었다. 거슬러 올라가면 모두가 아브라함의 자손이라는 동질성을 지녔지만 뺏고 뺏기는 전쟁으로 인해 주인이 바뀌면서 유대교, 기독교, 이슬람교로 나뉘어진 3대 종교의 성지가 수도 예루살렘을 중심으로 세워져 있다. 그들은 자기들의 신앙 의식에 따라 기도하고 삶을 영위하며 살아간다.

대부분의 역사는 흥망성쇠興亡盛衰를 반복한다. 넓은 땅을 차지했다가도 이내 외세의 침략으로 나라가 분열되고 망하면서 새로운 나라가 세워지고 역사는 덧채워진다. 그런데 유독 이스라엘 역사는 신의 선택을 받았다는 흔들리지 않는 믿음과 수많은 고난을 겪어 오면서 인내심으로 굳건히 지켜왔기에 조금 독특한 면이 있다. 이스라엘의 역사는 젖과 꿀이 흐르는 땅이라 불리는 가나안Canaan에서 출발해서 다윗David과 솔로몬Solomon 왕을 거치면서 최고의 번영을 누렸다.

예루살렘에는 유대인들의 정신적 귀의처인 성전이 있다. BC 957년에 최초의 제 1성전을 건축하여 완공했다. 이 예루살렘 성전은 역사의 중심에서 파괴와 재건을 거듭하면서 이스라엘 역사를 잘 대변한다. 솔로몬 왕이 죽자 풍요로운 시기는 외세 침략으로 다시 고난의 시기로 변해 이스라엘 사람들은 나라 잃은 백성으로 전락하게 된다. 그러다 키루스 2세Cyrus II 때 페르시아인들에 의해 유대인들은 예루살렘으로 돌아와 다시 제 2

성전을 재건했다. 7세기에는 이슬람교도들이 이곳을 점령하고 무하마드Muhammad가 승천했다고 믿으며 사원을 건축했다. 그들은 691년 예루살렘 모리아Moriah 산이라 불리는 성전산에 바위의 돔과 알 아크사al-Aqsa 모스크를 세웠다. 그 결과 예루살렘은 유대교, 기독교, 이슬람교의 3대 주요 종교 성지로 남게 된 것이다.

성전은 서기 63년 통치자 헤롯Herod 왕에 의해 다시 크고 화려하게 증축되었다. 하지만 로마 제국 때 핍박과 성전 모독으로 파괴되는 아픔을 겪으면서 로마인들이 성전의 마지막 흔적으로 서쪽 벽 한 면을 남겨 두고 파괴했다. 이것이 바로 '통곡의 벽Wailing Wall'이다. 뿌리를 잃은 유대인들이 그나마 남은 성전의 서쪽 축대 밖에 모여 통곡하였기에 '통곡의 벽'이란 이름이 붙었다. 예루살렘이 함락될 당시 벽이 진짜로 눈물을 흘렸다는 전설이 전해지기도 한다. 1948년 이스라엘 건국으로 유대인들의 오랜 숙원은 풀렸지만 아직도 예루살렘 성전은 복구되지 못하였기에 많은 유대인들이 이곳을 찾아 기도를 올린다. 이슬람교도들도 이곳을 바위의 돔 모스크 다음 가는 성지로 여기고 있다.

통곡의 벽은 실제로 17단의 벽이 지하에 묻혀 있어서 엄청난 크기일 것으로 추정한다. 지금 남아 있는 규모는 길이가 50m이고 높이는 20m정도이다. 유대인들은 검은색 옷을 입고 둥근 모자를 쓴 채 통곡의 벽에 소원을 적은 종이를 끼워 넣고 머리를 벽에 대고 나라 잃은 슬픔을 회상하며 통곡기도를 올린다. 유대인들이 이곳에서 예배를 드리는 이유는 "하느님의 재림在臨은 통곡의 벽을 떠나지 않는다."는 유대교 율법사 랍비Rabbi들의 믿음에 근거를 두고 있다.

예루살램 통곡의 벽 © 의자

예루살렘 통곡의 벽 © 김찬주

통곡의 벽은 19세기 말부터는 유대 민족의 결속과 구원의 상징적인 장소가 되고 있다. 통곡의 벽은 예루살렘 성문 중 분문Dung Gate을 통해 입장할 수 있다. 이곳은 이스라엘 민족의 정신적·종교적 최고의 성지이기에 들어가기 위해서는 이스라엘 군인의 삼엄한 소지품 검문을 통과해야 한다. 통곡의 벽은 두 지역으로 나뉘어져 있다. 북쪽은 남자들이, 남쪽은 여자들이 기도하는 장소이다. 남자들의 기도처는 여자들의 기도처에 비해 규모가 크다. 모든 남자들은 키파Kippah라고 하는 조그만 모자로 머리를 가려야 하고, 여자는 어깨와 무릎이 드러나지 않도록 가려야 한다. 통곡의 벽은 24시간 개방되어 있지만 매주 금요일 오후 시작되는 안식일 이후부터는 유대인들이 가장 많이 모여드는 시간이라 이때만은 사진 촬영도 금지된다.

이스라엘은 종교와 관련된 많은 문제들을 내포하고 있는 나라다. 2,000년 만에 잃어 버린 약속의 땅에 돌아와 그 땅을 차지하려는 유대인들과 기존에 살고 있던 팔레스타인은 삶의 터전을 지키려고 몸부림치는 모습에서 전쟁은 숙명과도 같은 일이 되어 버렸다. 힘의 논리에서 조화와 균형을 맞추기란 쉽지 않아 보인다. 종교의 본질은 숨겨진 채 언제 터질지 모르는 화약고를 안고 있는 이스라엘과 팔레스타인의 뿌리깊은 대립은 언제 끝날까. 디아스포라Diaspora라는 이스라엘 바깥으로 추방되어 뿔뿔이 흩어진 삶을 살아야 했던 유대인들에게 신이 약속한 땅은 절대적이다. 그 유대인들이 기다리는 메시아는 언제 강림할까. 서로 존중하고 인정하며 대립 없는 종교의 참된 모습을 볼 수 있기를 기다려 본다. 1989년 이스라엘을 여행하면서 들른 통곡의 벽은 기도하는 사람들로 붐볐다. 그들의 간절한 기도가 이루어졌을까 궁금하다.

예루살렘 골고다 언덕에서(1989년)

죽은 자의 도시,
고대 이집트 왕국의 비밀

이집트 Egypt

인생의 긴 여정을 살아가다 보면 맑은 날만 있는 것은 아니다. 뜻하지 않은 흐린 절망의 날을 만날 때가 더 많다. 그럴 때마다 희망을 노래할 수 있다면 얼마나 좋을까. 여행을 하면서 깨닫는 또 하나의 사실은 자신이 알고 있는 세상이 전부가 아니라는 것이다. 여행에서 만난 많은 사람들은 저마다의 희망을 버리지 않고 자신이 표현하고 싶은 방식대로 아름다운 꽃밭을 가꾸며 살아가고 있다는 사실이다. 희망을 잃지 않으면 언젠가는 꿈을 이룰 수 있다고 믿는다. 희망은 스스로 꽃망울을 피우는 힘이 있으니까.

1992년 3개월 동안 이집트, 두바이, 이스라엘, 튀르키예 등지를 여행했다. 이집트 여행에서는 한국 간호사를 만나 학생증을 발급받아 할인 혜택도 받으며 재미있게 여행했던 기억이 있다. 이집트 여행은 뭐니뭐니 해도 거대

피라미드 © 김찬주

한 피라미드의 신비에 푹 빠져 보는 일이다. 고대 이집트 왕국이 있었던 멤피스Memphis와 '죽은 자의 도시'라는 뜻을 가진 네크로폴리스Necropolis에는 이집트의 상징물인 피라미드Pyramid와 스핑크스Sphinx를 비롯해 고대 유적을 한눈에 보고 느낄 수 있어 늘 여행객들로 붐빈다.

아프리카 북동부에 위치하며 세계에서 가장 오래된 문명의 역사를 가진 나라 중 하나인 이집트는 동쪽으로는 이스라엘, 아카바 만, 홍해와 접해 있고 남쪽으로는 수단, 서쪽으로는 리비아, 북쪽으로는 지중해로 둘러싸여 정사각형 모양을 하고 있다. 남북을 흐르는 나일강 유역을 제외하고 국토의 96%가 사막이다. 인구의 대부분은 나일강 주변에 밀집해 있다. 아프리카 국가 중 가장 문화 수준이 높은 이집트는 피라미드와 미라mirra, 스핑크스 등 고고학적 가치와 신화, 5천 년이 넘는 역사를 지닌 문명의 발상지답게 고대 유적들이 넓게 퍼져 있다.

1979년 세계문화유산으로 등재된 멤피스와 네크로폴리스는 이집트 고왕국古王國의 수도인 멤피스와 기자Giza 지역에 흩어져 있는 유적으로 세계인의 발길이 끊이지 않는 유명 관광지다. 이곳에는 바위 무덤과 고대 이집트 석실 분묘인 마스터바Mastaba 사원, 피라미드를 비롯해 뛰어난 장례 기념물이 산재해 있어 이집트의 특징을 잘 보여 준다.

잘 알려진 것처럼 피라미드는 4,000~5,000년 전에 만들어진 고대 이집트 왕들의 무덤으로 현재 80여 기가 남아 있다. 피라미드는 많은 돌들을 높이 쌓아올려 만들었다. 밑면은 동서남북을 향하는 정사각형으로 되어 있고, 위로 올라갈수록 좁아져 맨 위는 뾰족하다. 내부에는 왕이나 왕비의 시체를 안치하고 시체는 썩지 않도록 미라Mirra로 박제화했다. 많은 보물도 함께 부장副葬했다. 피라미드는 그 경이로움으로 인해 세계 7대 불가사의 중 하나로 꼽힌다.

죽은 자의 세계를 향해 길고 좁은 통로를 따라 피라미드 안으로 들어가 보는 일은 무척 흥미롭다. 하지만 아쉽게도 부장품들은 도굴꾼들에게 도둑맞아 아무 것도 찾아볼 수 없어 아쉽기만 할 뿐이다. 다시 밖으로 나와 거

아부심벨 신전 © 의자

대한 피라미드를 바라보니 인간이 만든 것이라고는 믿기지 않을 만큼 정교하고 과학적이어서 그저 놀랍기만 하다. 한편으론 인간의 욕망이 이처럼 높고 큰 것일까 하는 부질없는 생각도 든다.

많은 연구자들이 피라미드의 정체를 풀기 위해 노력했지만 비밀 입구를 찾지 못한 채 여전히 풀리지 않는 수수께끼로 남아 있다니 그 이유를 알 것도 같다. 신비와 비밀을 애써 찾지 말라는 의미인지도 모르겠다. 돌 하나의 무게가 평균 2.5톤이나 되고 그런 큰 무게의 돌 240만 개를 쌓아 올려 완성한 피라미드는 마치 대해大海에 떠 있는 한 척의 거대한 배처럼 보인다. 어떤 방법으로 돌을 옮기고, 어떻게 한 치의 오차도 없이 베를 짜듯 쌓아올려 공간을 만들었을까. 인간의 힘으로 완성했다는 게 믿어지지 않는다. 어쩌면 신의 능력이 아니었을까.

이집트는 왕을 '큰 집'이라는 뜻을 가진 파라오Pharaoh로 불렀다. 이집트의 최고 통치자 파라오는 인간이 아니라 신으로 숭배되었기 때문에 육체가 죽으면 영혼으로 다스린다고 믿었다. 그래서 영생을 의미하는 미라를 만들고 영원히 사는 궁궐로 피라미드를 만들었다. 이집트의 사자死者 숭배 사상은 인류 역사상 가장 큰 무덤으로 영원히 남게 한 것이다. 그런 다음 사람의 얼굴과 사자의 몸을 한 스핑크스로 하여금 도시를 지키는 수호신이 되게 했다. 현재 남아 있는 피라미드 중 가장 큰 것은 쿠푸Khufu 왕조의 피라미드로 높이 136.5m, 밑면이 230m나 된다. 비현실적인 크기의 피라미드 아래에 서 있는 인간은 소박하기 그지없다.

수천 년을 지나오면서 인간과 자연에 의해 피라미드도 조금씩 원형을 잃어

가고 있지만 아직도 건재하게 남아 찬란했던 과거 역사를 대변하고 있다. 사막에서 불어오는 건조한 바람을 온몸으로 느끼며 피라미드 앞에서 고대 이집트 왕국의 흥망성쇠興亡盛衰와 제행무상諸行無常의 가르침을 새겨 본다. 하늘 아래 영원한 것은 없는 법이다.

아스완 아부심벨 신전 앞에서(1989년)

이집트 여행 중 만난 사우디 간호사들과 함께(1989년)

피라미드 앞에서(1989년)

신들이 기거하는 우주의 중심에 서다

티베트Tibet

세상에서 수행보다 더 쉬운 일은 없다. 언제 어느 곳에서나 마음만 먹으면 할 수 있으니까. 세상에서 수행보다 더 가치 있는 일은 없다. 마음의 평정과 자유를 통해 자신의 무거운 짐을 내려놓을 수 있으니까. 세상에서 수행보다 더 즐거운 일은 없다. 마음을 잘 다스릴 수 있어 괴로움이 사라지니까. 수행을 지속하면 참된 지혜를 얻을 수 있다. 참된 지혜는 삶의 향상과 행복을 가져다 준다. 수행을 통해 얻을 수 있는 이익은 셀 수 없이 많다. 그 가운데서 가장 중요한 것은 스스로를 구원할 수 있다는 사실이다. 그런 의미에서 여행도 수행의 하나가 아닐까.

티베트는 중국 남서쪽 거대한 히말라야 산맥에 에워싸인 티베트 고원 장족藏族들이 살고 있는 중국 자치구다. 티베트에는 '세계의 지붕'이라고 불리는

카일라스 산 © 의자

해발 8,848m의 에베레스트 산이 있고, 티베트인은 평균 고도 약 4,900m 고지에서 산다. 육지로 볼 때 가장 높은 곳에서 살고 있는 셈이다. 티베트인들은 중국으로부터 무력으로 나라를 침공 당했기 때문에 불교를 믿으며 종교의 힘을 바탕으로 영혼의 행복을 추구한다. 지금도 달라이 라마Dalai Lama를 중심으로 자치와 독립을 외치고 있다. 달라이 라마란 티베트의 최고 통치자를 말한다. 티베트인들은 이전의 죽은 달라이 라마가 다시 환생해서 계속 달라이 라마가 된다고 믿고 있다. 현재는 14대까지 이어져 오고 있는데, 중국이 침공한 이후 티베트에서 살지 못하고 인도 북부 다람살라Dharamsala에서 망명정부를 세워 조국 독립을 꿈꾸고 있다.

2000년 한 달 동안 티베트를 방문해 여러 지역을 두루 순례했다. 고산병에 걸려 죽을 고비도 있었지만 달라이 라마를 친견한 일은 가슴 벅찬 환희의 순간이었다. 티베트는 비록 중국에 묶여 있지만 그들은 중국의 많은 소수 민족 중에서 그들만의 독특한 사상과 가치관, 문화로 세계인의 주목을 받는다. 티베트의 수도인 라싸Lhasa에는 바로 달라이 라마의 궁전이었던 포탈라Potala 궁이 있다. 아시아에서 가장 거대한 단일 건축물인 포탈라 궁은 작은 언덕 위에 지어진 하얀 궁전이다. 라싸는 티베트 사람들이 평생에 한 번이라도 방문해 보고 싶어 하는 곳이다. 티베트인들은 온몸을 던져 기도하는 오체투지 기도법으로 라싸를 향해 순례 기도를 떠난다. 그런 만큼 유명한 사원이 많다. 티베트인들이 가장 성스러운 사원으로 여기는 조캉Jokhang 사원을 비롯해 한때 천 명이 넘는 승려가 머물기도 했던 드레풍Drepung 사원 등이 있다.

티베트에는 히말라야 산계山系에서 가장 높고 험준하며 신성한 산으로 여기는 카일라스Kailas 산이 있다. 이곳은 불교, 힌두교, 자이나교, 뵌교의 성지聖地이자 인더스Indus, 갠지스Ganges, 카르나리Karnali, 브라마푸트라Brahmaputra 강의 발원지이다. 티베트 불교에서는 티베트 고원 서쪽에 존재하는 카일라스 산이 바로 제석천왕과 사천왕이 살고 있는 수미산須彌山이라고 말한다. 불교의 우주관에 따르면 수미산은 세계의 중앙에 있는 우주

포탈라 궁 © 김찬주

산이다. 인간에게 정복된 적이 없는 산이자 신성불Dhyani Buddha의 성소聖所이다. 카일라스 산은 해발 6,714m로 만년설을 머리에 이고 있다. 카일라스 산은 티벳 고원 서부에 위치한 강디세 산맥의 최고봉으로 '소중한 눈의 보석'이라는 뜻의 강 린포체Gang Rinpoch라고도 부른다. 카일라스 산 아래에는 세상에서 가장 높은 마을인 다르첸Darzens이 있다. 카일라스 순례를 시작한 순례자들이 이곳에 머물며 자연스레 생긴 마을이다.

카일라스 산에 가려면 반드시 다르첸까지 가야 한다. 라싸에서 다르첸까지의 거리도 만만치 않다. 태초의 업보를 씻어 내듯 1,300km나 되는 황량한 들판과 무수한 산들을 지나야 한다. 모래바람 속에 묻혀 있는 삭막한 대지는 티베트인들의 설움과 고단한 삶을 말해 주는 듯하다. 수천 길 낭떠러지 만년설의 고갯마루를 넘고 험준한 산맥을 끼고 돌아 천계天界 가까이 있는 호수와 강들을 지나면 성지聖地의 관문 다르첸에 도착한다.

카일라스 산을 한 바퀴 돌면 이생의 업보가 지워진다고 한다. 열두 번을 돌면 한 시대의 업보가 지워지고, 108번을 순례하면 업장이 소멸이 된다고 한다. 비록 정상에는 오를 수 없지만 카일라스 산으로 가는 여정 또한 그리 호락호락하지 않다. 손에 닿을 듯 가까이 보이는 산이지만 걷고 또 걸으며 호흡에 집중해야 한다. 천천히 호흡을 맞추면서 조금씩 조금씩 걸어가는 진정한 수행자가 되어야 한다. 카알라스 산은 상상 이상으로 험준하기에 산을 오르는 일은 숨이 멎을 듯 힘들다. 카일라스 산이 저 멀리서 이생의 묵은 때를 훌훌 털어 버리고 어서 오라 손짓하는 듯하다. 고개를 건널 때 순례객들은 불경이 적힌 오방색 기도 깃발 타루초Tharchog를 달며 긴 깃발 룽다Lungda를 향해 합장 기도를 한다. 이곳에 손톱이나 머리카락을 묻고 간단다. 그 의식을 통해 미련없이 이생과 이별할 수도 있으니까.

신들이 기거하는 곳으로 가기 위해서는 험난한 고행길을 기꺼이 받아들일 수 있어야 한다. 카일라스 산 근처에 도달하면 검푸른 물색으로 가물거리는 성스러운 호수 마나사로바Lake Manasarovar를 만난다. 해발 4,586m에 자리한 세계에서 가장 높은 곳에 위치한 담수호다. 우주의 자궁으로 불리는 마나사로바 호수와 호수 너머 우주의 중심 카일라스 산. 지구에서 가장 신비스러운 성산聖山으로 불리는 카일라스 산을 보는 일은 경이로움 그 자체이다. 카일라스 산으로 가는 길은 이생에서의 삶에 대한 참회의 시간이요, 전생의 업을 끊기 위한 구도求道의 행군이다. 어쩌면 내생을 준비하는 거룩한 기도 의식이기도 하다. 지상에 남은 마지막 이상향 카일라스 산은 세상에서 가장 높은 곳에서 하심下心하고 또 하심하라 설법한다.

티베트 수행지 야칭스에서(2000년)

티베트 스님들과 함께(2000년)

흥망성쇠의 역사 속에서 찬란하게 꽃피운 이슬람 문화

시리아Syrian Arab Republic

지금 여기 이 순간이 아닌 다른 곳에서 무엇을 찾으려 한다거나 자신이 처한 바로 그 순간에서 만족하지 못할 때 때때로 괴로움은 찾아온다. 최선을 다해 오늘을 살 때 더 나은 미래와 행복은 찾아오는 것이다. 이것이 불교에서 말하는 연기의 법칙이자 인연의 도리이다. 매 순간 절실한 마음으로 삶의 전부인 것처럼 산다면 못 이룰 게 무엇이며, 얻지 못할 게 어디 있을까. 그런 의미에서 여행은 지금 이 순간 있는 그대로를 살게 해 주는 힘을 가진다. 그 힘으로 다시 출발할 수 있고 지금의 자리에서 자족自足 할 수 있는 것이리라.

아시아 대륙 남서쪽 끝자락, 지중해 동부 연안에 위치한 시리아는 서쪽으로 지중해와 레바논, 북쪽으로 튀르키예, 동쪽으로 이라크, 남쪽은 요르단, 이스라엘과 국경이 접해 있다. 역사적으로 고대 페니키아Phoenicia, 고대 그리스Greece, 로마Rome, 비잔틴Byzantine 문화가 혼재해 있어 지중해 동쪽에서 가장 번성했던 지역이다. 흔히 사막의 나라로 오해하고 있지만 시리아는 남유럽의 정취가 물씬 풍기는 초원 지대도 많고 겨울에는 눈이 내리는 곳이 있을 정도로 기후 변화도 뚜렷하다. 일부 사막 지역을 제외하면 풍요로운 곡창 지대가 있어 사람이 살기에 부족함이 없다. 지중해와 인접한 지역은 아름다운 풍광으로 사람들이 즐겨 찾는 관광 명소도 많다.

어느 때부터인가 시리아를 설명하는데 있어서 전쟁은 빼놓을 수 없는 요소가 되었다. 비옥한 땅과 지리적으로 교통의 요충지여서 중동을 연결하는 무역의 핵심 지대였기에 시리아를 호시탐탐 점령하려는 외부 세력이 늘 존재했다. 외세의 지배에 놓이게 되면서 비극의 슬픈 역사를 지니게 된 시리아는 고대에는 이집트, 아시리아, 신바빌로니아, 페르시아, 셀레우코스, 로마, 동로마, 이슬람 제국, 십자군 왕국, 오스만 제국의 지배를 받았다. 제 1차 세계대전 후에는 프랑스의 식민지가 되면서 혼란은 더욱 가중되었다. 아랍인, 쿠르트족, 수니파, 시아파 등 다양한 종교와 민족이 섞여 있는 시리아는 이웃 나라와도 갈등이 깊었다. 외부 세력에 의해 정치적, 종교적, 국제적 이해관계가 서로 얽히고설키면서 최악의 전쟁터가 된 것이다. 끝없는 내전과 분쟁의 한가운데서 국민들의 삶은 마치 칼날 위를 걷는 것처럼 위태롭고 아슬아슬하다.

지금은 여행을 꺼려하는 곳이지만 1999년에 방문한 시리아 여행은 무척 흥미로웠다. 시리아는 오랜 역사를 지닌 나라답게 자연 관광 자원과 역사 유적이 널리 퍼져 있다. 고대 시리아의 도시 팔미라Palmyra 유적, 십자군 전쟁기에 구호 기사단에 의해 지어진 크락 데 슈발리에Crac des Chevaliers, 알

레포 성채Aleppo Citadel, 수도 다마스쿠스의 우마이야Umayyad 모스크, 보스라Bosra 로마 유적 등 옛 그리스, 로마 시대 유적, 기독교 유적지들도 많다. 특히 이슬람 제국 전성기 때 만들어진 멋진 모스크나 성채가 남아 있어 볼거리가 풍부하다. 그중 우마이야 왕조 때 수도 다마스쿠스에 세워진 우마이야 모스크는 세계에서 가장 크고 오래된 이슬람 사원이다. 다마스쿠스Damascus 대사원이라 불리기도 하는데 705~715년에 우마이야 왕조의 칼리프Caliph인 알 왈리드Al-Walid 1세가 처음 세웠다. 역사의 소용돌이 속에서 수차례의 재앙과 함께 1898년 대화재 때 대부분 손실된 것을 복원해 옛 모습을 되찾았다. 1997년 세계문화유산으로 등재된 우마이야 모스크는 다마스쿠스 최고의 명소이자 이슬람 제국의 전성기를 그대로 보여 주는 이슬람 4대 사원 중 하나로 손꼽힌다.

우마이야 모스크는 가로 157m, 세로 100m 크기로 거대한 직사각형 모양을 하고 있다. 가느다란 원주로 떠받친 아치로 구성된 아케이드가 넓은 안뜰을 둘러싸고 있다. 예배를 보는 '리완Liwan'은 길이 130m로 사원 남쪽으로 길게 뻗어 있어 성스러운 분위기를 자아낸다. 나란히 늘어서 있는 기둥과 아치가 3개의 기다란 복도로 나누고 있다. 이 복도 중심점을 가로지르는 공간 한가운데 팔각형 돔이 무척 인상적이다. 기하학적으로 엇갈린 대리석 창살과 금으로 장식된 모자이크, 화려한 장식물들은 이슬람 건축미를 상징적으로 나타낸다. 이슬람 사원 건축물은 단순하고 간결함 속에 조화를 이루고 있어 보면 볼수록 신비감이 넘친다.

우마이야 모스크는 사원의 역할은 물론이고 장구한 시리아의 역사 변천도 함께 읽을 수 있다. 사원에는 3차 십자군 전쟁 때 이집트로부터 메소포

우마이야 모스크 © 의자

타미아 지역까지 통일한 이슬람 세계에서 존경받는 역사적인 인물 살라딘 Salah Ad-Din의 묘가 있다. 그밖에도 무슬림 통치자들의 무덤이 함께 자리하고 있어 역사의 한 단면을 잘 보여 준다. 원래 이곳은 대대로 1세기에는 그리스 제우스 신전이 있었고, 그 뒤에 세례 요한 교회가 있었던 곳이다. 세례 요한이 헤롯 안디바의 부인 헤로디아의 미움을 사 마케루스 하궁에서 효수당한 후 처형의 증거로 시리아 총독에게 보내졌다가 이곳에 묻혔다고 한다. 사원 안에는 기독교와 이슬람교가 한뿌리임을 증명하듯 침례자 요한의 머리무덤이 안치되어 있다.

이슬람교도들의 성전으로 추앙받는 우마이야 모스크. 하루 다섯 번 예배시간에 맞춰 사원으로 몰려드는 무슬림은 깨끗하게 발을 씻고 메카를 향해 경건한 마음으로 기도를 드린다. 기도가 끝나면 모스크는 아이들의 놀이터가 되기도 하고, 자유롭게 대화도 나누고 책을 읽고 낮잠을 즐기기도 한다. 그들의 모습에서 모스크는 종교적 성지이기 전에 삶 그 자체인 것처럼 보인다.

중동 국가들 중에서 가장 복잡한 문제가 있는 나라지만 내전이 터지기 전에는 중동을 여행하는 한국인들이 튀르키예에서 시작해서 시리아를 지나 레바논, 요르단 등지로 국경을 넘나드는 여행 루트를 이용하는 경우가 많았다. 2011년 시리아 내전으로 여행 금지국이 된 게 너무 안타깝다. 가끔 그 시절이 그립다. 시리아의 봄은 언제 찾아올까.

독특한 불교 문화와 경이로운 자연 환경을 가진 은둔의 왕국

부탄Bhutan

팍팍한 일상에서 친절이란 깊고 따듯한 사랑의 실천이다. 일상에서 친절한 마음은 자비심과 가장 가까이 있다. 남에게 친절을 베푸는 일은 내 안에 있는 선한 마음을 이끌어 내는 것과 같다. 친절을 실천하게 되면 타인의 즐거움을 함께 기뻐할 수 있고 스스로의 마음도 맑아진다. 친절한 마음을 일으키면 남과의 관계를 원만하게 하고, 자신에 대해서도 좋은 느낌을 가질 수 있어 몸과 마음이 건강해진다. 여행이야말로 친절을 실천하기에 가장 좋은 선택이 아닐까.

부탄은 히말라야 산맥을 경계로 인도와 중국령 티베트 자치구 사이에 위치한 남아시아의 작은 내륙국이다. 부탄이라는 국명은 산스크리트어로 '티베트의 끝'이란 의미를 갖고 있다. 실제로 티베트 고원의 남쪽 끝에 자리하고 있다. 히말라야 산맥 해발 4,000m에 자리한 부탄은 국민의 대부분이 티

탁상 사원 © 의자

베트 불교 신봉자로 티베트로부터 여러 가지 영향을 많이 받았다. 히말라야의 마지막 은둔의 왕국으로 불리는 부탄은 왕이 지배하는 절대 군주제에서 2008년 입헌 민주주의 체제로 바뀌었다. 하지만 국민들은 여전히 왕국으로서의 역사를 소중히 여기며 왕가에 절대적 지지를 보낸다. 부탄 사람들에게 왕은 단순히 통치자를 넘어서 정신적 지주, 신과 가까운 존재로 인식한다.

부탄은 경제적으로 풍요로운 나라는 아니지만 국민들의 행복지수가 높은 '세상에서 가장 행복한 나라'로 불린다. 부탄 국민들이 생각하는 행복이란 무엇일까. 개인의 정신적·정서적 삶과 사회의 물질적 풍요가 서로 균형을 맞추는 것을 행복이라 정의한다. 부탄 사람들은 오직 기도하며 자연의 순리에 따라 선하게 살려고 노력하는 소욕지족少欲知足의 삶이 진정한 행복이라고 믿고 있다. 부탄에는 신호등도 없고 시간은 한없이 느리게 흐른다. 그들은 신들의 정원이라 불리는 히말라야를 품고 있어 신이 보호해 준다는 믿음이 강하다. 부탄 사람들은 맑고 깨끗한 청정 자연을 벗삼아 언제나 밝고 평화롭게 끈끈한 공동체를 이루며 선하게 살려고 노력한다.

부탄은 종교의 자유가 보장되어 있지만 사실상 불교가 뿌리 깊게 퍼져 있는 나라다. 전통적인 문화와 생활에도 티베트 불교가 큰 영향을 끼쳤다. 나라 전체에 불교 사원과 수도원이 세워져 있고 종교적 신앙심으로 일상을 살아간다고 해도 과언이 아니다. 부탄에서 사원이 갖는 의미는 국가와 국민을 잇는 구심점 역할을 할 만큼 대단히 중요하다. 부탄에는 세 가지 종류의 사원이 있는데 드종Dzong, 라캉Lhakhang, 곰파Goemba로 나뉜다. 드종은 높은 성벽을 가진 것이 특징으로 일종의 종교·정치·군사적 요충지 기능을 한다. 라캉은 일반 불자들에게 개방되는 사원으로 대부분 마을 근처에 있다. 곰파는 일반인에게 개방되지 않는 수행자들만의 공간으로 '고독한 은둔자'라는 뜻을 지니고 있다. 주로 깊은 계곡이나 절벽 위 일반인이 접근하기 힘든 곳에 자리 잡고 있어 수행자들이 명상과 수행에만 전념할 수 있도록 한 곳이다.

부탄에서 가장 유명한 대표적 여행지이자 부탄을 상징하는 곳은 파로Paro에 있는 탁상Taktsang 사원이다. 정확한 사원 이름은 탁상 팔푹Taktsang Palphug 사원이다. 탁상 사원은 라캉과 곰파의 두 가지 기능을 하는 곳이다. 2015년 탁상 사원으로 순례길을 떠난 적이 있다. 지진을 만나 어려움을 겪었지만 탁상 사원 순례길은 깊은 감동으로 남아 있다.

히말라야 산맥 해발 3,120m 절벽 위에 위치한 이 사원은 부탄 불교에서 가장 중요한 성지이다. 탁상 사원은 8세기경 부탄에 불교를 전한 티베트 불교의 창시자이자 최고 구루 림포체인 파드마삼바바Padmasambhava에 의해 만들어진 사원이다. 제자이자 영적인 배우자 예세쵸걀Yeshe Tsogyal이 호랑이로 변신해 스승인 파드마삼바바를 태우고 이곳으로 왔다. 파드마삼바바는 이곳 동굴에서 오랫동안 수행했다고 한다. 암호랑이를 타고 와 아득한 절벽 위 동굴에서 오랫동안 수행했다고 해서 탁상 사원은 '호랑이 둥지Tiger's Nest'라고도 불린다. 그 뒤 많은 스님들이 이곳에서 수행을 계속해 왔다.

본격적으로 탁상 사원을 짓게 된 것은 1692년 부탄의 네 번째 군주였던 둑떼씨 걀세 텐진 랍게Tenzin Rabgye에 의해서였다. 1694년 완성한 탁상 사원은 1998년 화재로 많이 훼손된 것을 2004년에 복원했다. 탁상 사원은 높이 900m의 깎아지른 거대한 수직 바위 절벽에 제비집처럼 아슬아슬하게 매달려 있다. 험한 자연 환경 때문에 탁상 사원으로 가는 길은 말 그대로 고행길이다. 천천히 호흡에 집중하면서 순례자의 마음으로 걸어가야 한다.

사원을 오르기 위해 자동차로 마지막 도착할 수 있는 지점은 해발 2,600m이다. 이곳에서부터는 사원이 위치한 해발 3,120m까지 걸어서 올라야 한다. 오르는 길의 절반 정도인 전망대까지는 말을 타고 오를 수 있지만 그 후부터는 돌계단을 따라 걸어서 올라갈 수밖에 없다. 사원으로 가는 길목에는 카페를 겸한 전망대와 시원한 폭포 물줄기도 만날 수 있어 청정 자연 풍경을 만끽할 수 있다. 사원 내부로 들어갈 때는 모든 소지품은 맡겨야 한다. 오직 눈으로 보고 몸으로 느끼는 것에 집중해야 한다. 사원에는 파드마삼바바의 진영과 예세쵸걀이 수행했던 동굴도 있어 기도와 명상, 만뜨라를 통해 황금빛 에너지를 얻는 체험을 할 수 있다.

자연의 아름다움과 독특한 불교 문화를 간직한 나라 부탄. 전 국토의 60% 이상의 산림을 간직하며 국민 행복을 항상 최우선에 두고 정책을 펼친다. 부탄에서는 무엇을 가질까, 무엇을 할까 애쓰지 않아도 될 것 같다. 윤회를 믿고 주어진 것을 순수하게 받아들이는 부탄에서는 비움에서 얻는 행복을 만끽했으면 좋겠다.

끝없는 평원에 펼쳐진 동물들의 낙원

탄자니아 Tanzania

인생은 늘 예기치 못한 방향으로 흘러가기 일쑤다. 자신이 계획하고 설계한 대로 흘러간다면 그 또한 재미없을 것 같다. 한치 앞을 모르기 때문에 겸손함을 잃지 않아야 한다. 뜻하는 대로 되지 않고 알 수 없는 미래지만 불안해하기보다 새로운 것에 대한 설렘으로 마음을 바꿔 보면 어떨까. 그 설렘은 미지에 대한 신비로움으로 가슴 뛰게 한다. 그래서 사람들은 오지 않은 미래 세계에 호기심을 갖고 모르는 길을 따라 오늘도 여행을 떠나는 것인지도 모르겠다.

아프리카 자연을 온몸으로, 생生으로 느낄 수 있는 곳이 바로 탄자니아다. 이곳에서 만나는 동물들은 지금까지 본 동물원 수준의 동물과는 차원을 달리 한다. 탄자니아에서 상상을 뛰어넘는 야생 동물들의 숨막히는 장면을 고스란히 경험하는 일은 참으로 신나는 일이다. 광활한 초원에서 평화롭게 노니는 동물들의 모습이 전부가 아니다. 같은 성격을 가진 동물들끼리는 공생의 모습을 보이지만 때로는 먹잇감을 뺏기 위한 목숨을 건 혈투를 보노라면 치열한 먹이 사슬의 현장을 보는 듯 섬뜩하다.

동아프리카 적도 바로 남쪽에 있는 탄자니아는 화산으로 이루어진 아프리카 최고봉 킬리만자로Kilimanjaro가 해발 5,895m로 우뚝 솟아 있다. 킬리만자로 산 서쪽 사바나 지대의 중심에 있는 탄자니아 세렝게티Serengeti 국립공원에는 사자, 코끼리, 사바나얼룩말, 코뿔소, 검은꼬리 누, 영양 등 포유류가 가득하다. 게다가 흰허리독수리, 황새, 매, 큰물떼새 등 조류가 모여드는 세계 최대 규모를 자랑하는 동물들의 천국이다. 식물, 초식 동물, 육식 동물이 상호 연결되어 절묘하게 균형을 이루고 있는 탄자니아 세렝게티는 세계의 경이로운 자연 풍광 중 하나로 꼽혀 1981년 유네스코 세계자연유산으로 지정되었다.

세렝게티는 스와힐리어로 '끝없는 평원'을 뜻한다. 아프리카에서 가장 규모가 큰 세렝게티는 탄자니아 서부에서 케냐 남서부에 걸쳐 3만km^2가 넘는 규모다. 세렝게티의 남쪽 75%는 탄자니아 국경 내에 있으며, 나머지 25%는 케냐에 속해 있다. 이곳에는 남쪽의 탁 트인 초원, 중심부의 사바나, 북쪽과 서쪽의 수목이 우거진 목초지, 작은 강과 호수, 늪지들이 곳곳에 산재해 있다. 이런 풍요로운 자연 환경에서 야생 동물과 초식 동물, 500종이 넘는 조류들이 공존하며 살아가고 있다.

세렝게티의 기후는 대개 따뜻하고 건조하다. 3월에서 5월까지 우기가 이어지고, 10월에서 11월 사이에도 잠깐씩 비가 내린다. 비가 온 후에는 모든 것이 푸르고 무성하다. 하지만 건기가 찾아오면 식물의 성장이 둔화되어 초식 동물들은 풀과 물을 찾아 이동한다. 야생 동물의 대이동은 지구상에서 가장 큰 규모로 진행된다. 최대 200만 마리에 이르는 초식 동물들이 남부의 평원에서 시작해 서쪽의 세렝게티를 거쳐 물이 있는 북쪽의 구릉 지대까지 장관을 이루며 이동하는 모습에는 생존을 위한 절박함이 느껴진다. 여행에서 이 광경을 목격하는 일은 큰 행운이 아닐 수 없다. 탄자니아에는 북부의 세렝게티 국립 공원을 비롯해 10개의 국립 공원이 조성되어 있다. 그밖에 17개 동물보호구역 등 국토의 28%가 야생동물보호법에 의거한 동물보호 대상 지역으로 지정되어 있다.

탄자니아 여행은 아프리카 어느 나라보다 많은 동물들이 살고 있는 세렝게티로 가서 야생 동물을 보는 일부터 시작된다. 그림책이나 영상으로만 봐왔던 아프리카 야생 동물들이 떼를 지어 다니는 세렝게티 평원에서 동물들을 맘껏 즐기는 일은 그 어느 것과도 바꿀 수 없는 아프리카 여행의 추억이다. 검은색과 흰색이 마치 피아노 건반처럼 조화를 이룬 얼룩말, 검은 털에다 투박하게 생긴 누, 연약하고 날렵하게 뛰어다니는 가젤 등 동물들이 평화롭게 이동하는 모습을 보노라면 이곳이 진정한 동물들의 낙원이라는 생각을 떨쳐 버릴 수 없다. 사람과 동물들이 서로 조화롭게 교감하고 어울리는 이런 곳이 이 지구상에 또 어디에 있을까.

세렝게티에는 평화로운 풍경만 있는 건 아니다. 배고픈 하이에나가 톰슨가젤을 사정없이 넘어뜨리고 뼈 채로 먹어 치우는 광경이 펼쳐지기도 한다. 약육강식의 먹이 사슬이 얼마나 잔인한지 경험하게 된다. 1년 내내 눈에 덮여 있는 킬리만자로 산을 배경으로 펼쳐진 초원의 세렝게티 자연은 인간

세렝게티 © 김찬주

문명이 발붙일 수 없는 야생 그대로다. 시간을 초월한 채 존재하는 자연의 섭리가 있을 뿐이다.

흔히 아프리카를 검은 대륙이라 부른다. 아프리카에 사는 원시 부족들의 검은 피부는 말할 것도 없고 검은 색의 동물들과 나무의 줄기도 대체로 검은색이다. 이 검은색이야말로 모든 색의 근원이며, 생명에 가장 근접한 원색이 아닐까. 검은색의 위대함을 새삼 느끼며 태초의 모습으로 살아가는 세렝게티 동물들의 삶을 음미하며 다시 길을 떠난다.

경이로운 풍광과 동질성을 가진 지구촌 오지 마을

파키스탄 Pakistan

우리를 스치며 지나가는 기쁨과 즐거움, 분노와 미움의 감정들은 잠시 머물다 가는 물거품과도 같다. 만남과 헤어짐도 동전의 양면이다. 생각이 일어났다 사라지는 것도 마음의 장난에 불과하다. 인간의 병로병사도 인생의 긴 여정에서 보면 하나의 과정에 불과하다. 어느 한 곳에 기울거나 주저앉지 말고 매사를 전체로 보는 안목을 길러 물처럼 바람처럼 걸림이 없는 삶을 살아야 한다. 그러면 어느새 마음의 갈등은 가라앉고 망아지 같이 헐떡거리는 마음은 평정과 안온을 얻어 고요하고 맑은 에너지가 내면 깊숙이 흘러갈 것이다.

파키스탄은 남아시아 인도 북서쪽에 위치한 이슬람 국가이다. 인도, 이란, 아프카니스탄, 중국, 아라비아해와 국경을 마주하고 있다. 국민은 서북부로부터 끊임없이 흘러들어 왔던 아리아인·페르시아인·그리스인·파슈툰족·

무갈인·아랍인 등이 혼혈된 복잡한 구성을 하고 있다. 인도와는 오랜 세월 동안 분쟁을 겪으며 국경 지역인 카슈미르Kashmir 지역에는 늘 대치 상태에 있다. 아시아의 베를린 장벽이라 불리는 국경 검문소 철조망은 3,300km로 이어져 있어 두 나라 사이의 오랜 앙금을 잘 말해 준다. 인도와 파키스탄의 역사는 1947년 영국으로부터 독립한 후 종교에 따라 양국의 경계가 정해지고 이슬람교를 믿는 파키스탄과 힌두교를 믿는 인도로 분리됐다. 국가의 분리로 대규모 이주가 시작되고 종파 간의 폭력 사태가 자주 발발하기도 한다. 파키스탄을 둘러싼 종교 인종 분쟁은 오늘날까지도 이어지고 있다. 2006년 파키스탄 여행에서 인도와의 분쟁으로 호텔에 총알이 날아오는 것을 직접 경험하기도 했다.

파키스탄은 인도와의 갈등, 아프가니스탄과의 군사적 충돌 등 정치적 문제가 산재한 나라다. 안정화가 필요한 상황이지만 이슬람 국가로서 이슬람 문화와 관습이 깊이 뿌리내려 그들만의 고유한 삶을 영위하고 있다. 한때 무굴제국의 중심지였던 유서 깊은 역사 도시 라호르Lahore는 '동양의 파리'라 불리며 많은 유적을 간직하고 있다. 라호르 북서부에 있는 라호르 성Lahore Fort은 동서로는 424m, 남북으로는 340m에 이르는 거대한 성채이다. 고고학적 발굴에 의하면, 라호르 성은 적어도 1025년 이전에 축조되었다고 알려져 있다. 현재의 모습은 1241년 몽고군에 의해 파괴된 것을 1566년에 무굴제국의 황제인 악바르Akbar에 의해 다시 지은 것이다. 무굴제국의 황제 샤 자한Shah Jahan이 지은 샬리마르Shalimar 정원과 함께 1981년 유네스코 세계문화유산으로 등록되었다. 400개가 넘는 분수가 뿜어내는 정원 풍경은 장관을 이룬다.

무굴제국은 16 ~18세기에 이르는 동안 인도와 파키스탄을 지배했던 제국이다. 이슬람 문화를 바탕으로 하여 기독교, 힌두교, 시크교가 혼재한 동양과 무슬림의 조화로운 문화 유산을 많이 남겼다. 무굴제국의 황제 샤 자한이 인도에 타지마할을 남겼다면 그의 아들 아우랑제브 황제는 라호르에 철저하게 이슬람주의를 표방하며 바드샤히Badshahi 모스크를 건축했다. 화려했던 무굴제국의 흔적이 고스란히 남아 있는 바드샤히 모스크는 좌우 대칭을 이루며 적색 사암과 흰색 대리석이 조화롭고 견고하게 세워져 있어 웅장한 자태를 자랑한다. 바드샤히 모스크는 파키스탄에서는 두 번째로 크고 세계에서 여섯 번째로 큰 이슬람 사원이다. 사원은 최대 10만 명이나 수용할 수 있다.

파키스탄 여행에서 모스크와 함께 빼놓을 수 없는 여행지가 있다. 바로 장수촌으로 불리는 훈자Hunza 마을이다. 파키스탄 훈자 마을을 방문하면 때 묻지 않은 오지 마을에서 오랫동안 머물며 살고 싶다는 생각이 절로 든다. 훈자 마을은 만년설로 덮힌 중앙 아시아의 거대한 카라코람Karakoram 산맥에 둘러싸인 계곡에 위치해 있다. 경이로운 풍광과 동질성을 가진 사람들 덕분에 세상에서 가장 평화로운 마을로 많은 순례자들이 찾는 곳이다. 훈자 마을로 가기 위해 세계에서 가장 높은 고속도로 카라코람 하이웨이를 드라이브하는 경험도 이색적이다. 마을에는 제일 높은 곳에 위치한 발티트Baltit 요새가 있다. 옛 훈자 왕국의 왕궁으로 사용했던 이곳에는 훈자의 역사를 고스란히 담고 있다. 지금은 포장이 되어 있지만 여행할 당시에는 비포장 도로를 따라 위태위태한 절벽을 넘다 자동차가 고장 나서 하염없이 기다린 추억이 아련하게 떠오른다.

훈자 마을은 세계에서 제일가는 장수촌으로 불린다. 훈자 마을이 장수촌

바드샤히 모스크 © 의자

으로 불리는 것은 그들이 즐겨 먹는 살구, 사과, 오디, 호두 등 음식과 삶의 태도 때문이라고 한다. 훈자 마을에는 특별한 물이 있다. 만년설 빙하가 녹은 물이다. 미네랄이 풍부해 '훈자 워터'라 부르며 신이 준 자연의 선물이라 여겨 즐겨 마신다. 훈자 마을에는 세상에서 가장 위험한 다리가 있는데 길이 194m, 높이 43m의 후싸이니Hussaini 서스펜션 브릿지다. 강바람에 다리가 심하게 흔들거리며 이방인을 맞는다. 끝없이 펼쳐져 있는 빙하의 풍경과 가슴 깊이 파고드는 바람, 정감 넘치는 따뜻한 훈자 마을 사람들은 이곳을 지상 낙원이라 여기며 평화롭게 살고 있다.

파키스탄은 다양한 성격을 지닌 나라다. 많은 사람들이 좋지 않은 선입견을 갖고 있지만 각 지역별로 다양한 민족들이 그들만의 역사와 전통, 언어와 문화를 간직한 채 사이좋게 살고 있다. 주어진 자연 환경과 옛 전통을 소중히 여기며 색다른 문화를 펼쳐 보여 여행객들의 호기심을 자극하는 곳이 바로 파키스탄이다. 서로 다른 나라와 이웃해 살면서 갈등과 화해를 반복하다 보면 언젠가 평화가 찾아오리라 믿는다.

건조하고 메마른 땅에서 빛나는 오아시스

오만Oman

사랑은 무한한 생명력을 갖고 살아 숨쉬는 그 무엇이다. 사랑은 질식시키고 붙드는 게 아니라 자유와 배려, 관심과 보살핌으로 몸과 마음을 건강하게 무럭무럭 성장시키는 영양분이다. 사랑은 너무 가까이 있지도 않고, 그렇다고 너무 멀리 떨어져 있지도 않은 신선한 공기와 같다. 사랑은 항상 소통되는 그런 시간과 공간 안에 존재한다. 사랑은 각자의 시간과 공간의 자유 속에서 서로 다름을 인정하는 것이다. 제 나름의 모양과 색깔이 다른 생명이 모여 꽃을 피우면서 조화로운 향기를 발할 때 비로소 사랑은 완성되는 게 아닐까.

오만은 아라비아반도 남동부 해안에 위치한 사막의 나라다. 남서쪽으로 예멘, 서쪽으로 사우디아라비아, 북서쪽으로 아랍에미리트와 각각 이웃한다. 오만은 아시아와 아프리카를 잇는 서아시아의 중심 국가이다. 이슬람 신앙을 기반으로 아랍 문화의 전통과 문화, 역사를 간직하고 있다. 지형적으로는 오만 만灣 해안과 나란히 뻗은 알 하자르Al Hajar 산맥으로 이루어져 날씨가 덥고 건조하며 해안 지방은 습도가 높다. 국토의 80%가 바위산과 사막으로 이루어져 있고 간간이 오아시스가 있어 과일과 곡물이 재배된다. 가장 유명한 열매는 사막의 모래 땅에 자라는 대추야자다.

2018년 오만을 비롯해 중동 지역의 여러 나라를 여행할 기회를 가졌다. '산이 바다에 떨어진 곳'이라는 낭만적인 뜻을 갖고 있는 오만의 수도 무스카트Muscat는 역사 유적과 자연 풍광, 전통과 현대 문명이 잘 어우러진 항구 도시다. 해안가는 유럽풍의 아름다운 집들이 늘어서 있고 아랍의 전통 문화를 간직한 관용과 배려가 넘치는 사람들이 살고 있다. 오만 사람들에게 있어서 신앙은 그들의 삶이자 이웃이다.

오만에는 만 개가 넘는 모스크가 있다. 무스카트에는 오만 최대 이슬람 사원인 술탄 카부스Sultan Qaboos 그랜드 모스크가 있다. 유일하게 여행자들에게 개방하는 이 모스크는 30만 톤이나 되는 인도 사암으로 6년에 걸쳐 건축됐다. 길게 늘어선 회랑과 50m가 넘는 중앙돔은 화려하고 웅장하다. 무스카트에서 또 다른 볼거리는 16세기 후반 포르투갈 군대가 점령하며 지어진 무트라Mutrah 요새와 갖가지 독특한 기념품을 구매할 수 있는 재래시장 무트라 수크Mutrah Souq다.

현재 오만의 수도 무스카트에서 약 140km 떨어진 곳에 오만의 옛 수도 니즈와Nizwa가 있다. 이곳은 6세기부터 7세기까지 무역, 교육, 종교, 예술의 중심지였다. 니즈와는 은과 장신구가 유명하다. 니즈와 요새 앞 교차로에

술탄 카부스 그랜드 모스크 © 의자

는 장신구로 된 오만의 전통 단검인 칸자르khanjar 조각상이 세워져 있어 무척 인상적이다. 칸자르는 오만의 국기와 화폐에도 들어가 있을 정도로 오만을 상징하는 것 중 하나이다.

오만에서 가장 오래된 역사를 자랑하는 니즈와에는 크고 웅장한 규모의 니즈와 요새가 있다. 적들의 침입을 막고 오아시스를 지키기 위해 쌓은 요새로 과거 오만인들의 지혜를 엿볼 수 있는 역사 관광지이다. 적색 빛으로 지어진 요새는 17세기에 만들어졌다. 약 12년이 걸려 완성된 요새 곳곳에는 무기와 장신구들, 옛날 사람들이 사용하던 생활 도구들도 전시되어 있고 회의실, 커피 만드는 곳까지 잘 보존되어 있다. 작은 박물관 공간도 따로 마련되어 있어 여러 가지 유물을 구경할 수 있다. 니즈와에는 다양한 모양의 아름다운 문양을 가진 문이 많은데 이곳 박물관에서 한눈에 볼 수 있다. 또 여러 가지 장신구와 대추야자 보관소가 있어 이곳이 대추야자 생산지임을 잘 말해 준다. 요새 벽 사이로 보이는 도시의 풍경과 요새로 올라가면서 보이는 모스크 건축물의 아름다움이 여행객들로 하여금 잠시 걸음을 멈추게 한다. 가파른 계단을 올라 전망대에 이르면 니즈와 시내가 한눈에 들어온다.

오만은 중동의 다른 지역에 비해 민족이나 종교에서 정파 갈등이 없는 편이다. 아랍의 스위스라 불리며 아랍의 다른 국가에 비해 돌산과 협곡이 많다. 협곡 사이로 흐르는 물은 숲이 있는 오아시스가 되어 오만을 더욱 풍요롭게 한다. 독특하고 아름다운 풍경을 간직한 와디샤브Wadi Shab는 오만 여행에서 빼놓을 수 없는 곳이다. 오만 동북부의 수르Sur 지역에 있는 니야바트 티위Niyabat Tiwi에 위치한 와디샤브는 건조 지역에 있는 간헐 하천을 말

한다. 와디란 아랍어로 '하곡河谷'을 뜻한다. 절벽 사이의 협곡 와디샤브 풀pool에서 즐길 수 있는 것은 강을 거슬러 올라가면서 트레킹을 하거나 작은 보트를 타고 에메랄드빛 깨끗한 물에 몸을 담그며 한가로이 휴식을 취하는 일이다. 절벽에서 짜릿한 다이빙을 즐겨 보는 일도 멋진 추억을 낳는다. 와디샤브를 경험하지 않고는 오만을 이해할 수 없다고 할 만큼 와디샤브는 오만이 왜 오아시스의 나라인지를 잘 증명해 준다.

사막의 나라답게 오만은 사막 여행지로도 유명하다. 붉은 빛의 모래와 아름다운 사구沙丘가 끝없이 펼쳐진 와히바Wahibah 사막에는 여러 가지 즐길 거리가 많다. 낙타를 타 보거나, 사륜구동 지프를 타고 드라이버를 즐기거나, 모래 보드를 타면서 스릴을 느낄 수 있다. 사막에는 베두인bedouin이 산다. 천막으로 집을 짓고 사는 베두인을 만나 그들의 독특한 삶과 문화를 체험해 보는 것도 오만 여행의 또 다른 즐거움이다. 모래바람이 파도처럼 넘실거리는 낮 시간을 지나 고요한 밤이 오면 하늘에는 쏟아질 듯 별들이 찾아온다. 그 순간 이곳은 지상 낙원이 된다.

건조하고 메마른 땅에 단비 같은 오아시스가 숨어 있는 중동의 스위스 오만. 오만에는 볼거리 즐길거리가 가득하다. 돌산과 협곡 사이 청량한 맑은 샘물이 흐르고 수정처럼 맑은 바닷물이 오묘하고 신기한 조화를 이루며 평화롭고 여유로운 오만 사람들이 정겹게 살아간다. 오만의 여기저기를 여행하다 보면 어느새 그들과 동화되어 가는 자신을 발견할 수 있으리라.

여름

에메랄드 빛에 물든 여름 해변

마다가스카르 Madagascar

아르헨티나 Argentina

피지 Fiji

짐바브웨 Zimbabwe

몰디브 Maldives

모로코 Morocco

바누아투 Vanuatu

케냐 Kenya

브라질 Brazil

파푸아뉴기니 Papua New Guinea

리비아 Libya

쿠바 Cuba

통가 Tonga

시간이 빚어낸 진귀하고 독특한 자연의 걸작품

마다가스카르Madagascar

우리는 여행을 통해서 잃어 버린 자신을 발견하곤 한다. 여행을 통해 예상하지 못한 드라마틱한 순간을 경험하게 되고, 자신과 세상에 대한 작은 깨달음을 얻게 될 때 여행의 묘미를 느낀다. 아프리카 여행은 그런 면에 있어서 묘한 에너지를 선물해 준다. 풍요와 대치되는 극한의 공간인 사막을 여행하면서 대자연의 위대함에 절로 고개가 숙여지기도 하고, 지구촌에 존재하는 희귀하고 기이한 생물체들이 인간과 공존하며 살아가는 마법적인 장면을 목격하면 겸손한 마음이 들기도 한다. 그 놀람과 환희의 순간순간이 어쩌면 자신의 발견이고 깨달음의 연속인지도 모르겠다.

2001년 아프리카 대륙에서 400km 떨어진 남동 해안 앞바다에 있는 인도양 남서부의 섬나라 마다가스카르 여행은 무척 이색적인 경험을 안겨 주었다. 마다가스카르는 세계에서 네 번째로 큰 섬나라다. 모잠비크 해협을 사이에 두고 아프리카 해안이 있고, 내륙으로 모잠비크와 마주하고 있다. 마다가스카르는 수십만 년 동안 대륙과 떨어져 있었기 때문에 아프리카 대륙과는 다른 독특한 생태 환경을 갖고 있다. 전 세계 생물 20만 종 가운데 약 75%가 이곳에서만 볼 수 있다고 하니 놀랍다. 마다가스카르에만 서식하는 동물로는 매력적인 긴 꼬리를 가진 여우원숭이가 있는데 약 40종이 살아남아 독특한 형태로 진화해 가고 있다. 그밖에도 피그미 카멜레온, 방사 거북 등 희귀종이 있다. 식물로는 바오바브 나무가 가장 유명하다. 그밖에도 유포르비아, 파키포듐 등 희귀한 식물이 많다.

바다의 풍요와 자연의 신비를 품은 동경의 섬, 마다가스카르는 말 그대로 자연의 신비를 간직하고 있는 보석 같은 나라다. 지구상에서 가장 독특하고 진귀한 보물을 간직한 나라가 바로 마다가스카르다. 마다가스카르 여행에서 가장 인상 깊었던 것은 석양에 물든 신비한 바오바브 나무를 물끄러미 바라보며 한동안 무념무상無念無想에 잠겨 보는 일이다. 바오바브 나무는 세계 8종 가운데 6종이 이곳에 서식하고 있다. 해안 도시 모론다바 Morondava에는 수령 400년이 넘는 바오바브 나무 30그루가 군락을 이뤄 거대한 모습을 연출해 낸다. 여행자라면 누구나 가 보고 싶어하는 명소다.

바오바브 나무는 생택쥐베리의 소설 『어린 왕자』에 등장해 유명해졌다. 소설에서는 행성을 파괴하는 식물로 여겨 그 싹을 미리미리 잘라 내야 하는 것으로 묘사된다. 하지만 그런 부정적 의미가 아니라 잘못된 육체적 성장을 거부하며 순수성을 간직한 채 살아가기를 소망하는 어린왕자의 마음을 표현한 것이리라. 일몰을 기해 몰려든 여행자들과 천진난만한 원주민 아이들이 내미는 손을 잡고 바오바브 나무와 교감하는 시간은 타임머신을 타고 어린 왕자의 소행성에 온 기분이 들게 한다.

이 나라 사람들은 바오바브 나무를 신성시 여긴다. 바오바브 나무와 관련된 여러 가지 이야기가 전해져 온다. 신이 처음 바오바브 나무를 만들었는데 밤만 되면 제멋대로 돌아다녀 이에 화가 난 신이 움직이지 못하도록 나무를 뽑아 거꾸로 심어버린 것이 지금의 모습이라고 한다. 또 다른 이야기는 바오바브 나무의 속이 텅 비어 아무짝에도 쓸모없는 나무라 여겨 그냥 내버려 둔 게 수천 년을 지탱하며 살아남아 거대한 나무가 되었다는 것이다. 과학적으로 보아도 참 일리 있는 말이다. 땅속 깊이 뿌리를 박고 천천히 아주 느리게 성장하니까 오랜 세월을 버틸 수 있었으리라. 뿌리 깊은 나무가 바람에 흔들리지 않는 법이니까. 때로는 무관심이 생명력을 키워 스스로를 성장시키고 보호하는 일이 될 수도 있겠다는 생각이 든다. 이곳 사람들은 바오바브 나무에 구멍을 뚫고 사람이 살거나 시체를 매장하기도 하는 독특한 풍습을 갖고 있다.

마다가스카르에는 하늘을 떠받치며 천년의 시간을 지켜 온 바오바브 나무와 함께 여행자들의 발길을 끄는 또 하나의 보물이 있다. 1990년 세계문화유산으로 등재된 베마라하Bemaraha 자연 보호 구역에 있는 자연의 걸작품, '그랑칭기Grands Tsingy'가 바로 그것이다. 그랑칭기는 약 1억 6,500만 년 전 비의 침식 작용에 의해 형성된 것으로 추정한다. 오랜 세월 동안 비바람에 깎이고 또 깎여 다듬어진 석회암 바위들이 병풍처럼 둘러져 천년의 신비를 간직하고 있다. 바늘바위 석회암 탑산 그랑칭기는 1500년 전 이곳에 살던 초기 원주민 바짐바Vazimba 족이 이름 붙였다. 뾰족한 바위 탑이

바오바브 나무 © 의자

그랑칭기 © 김찬주

솟아 있는 형상들을 보고 발끝으로 걷는 모양을 떠올리며 '까치발'이라는 뜻의 '칭기'라는 이름을 지었다고 한다. 이곳 자연 보호 구역에 있는 칭기는 그 규모가 가장 커 '그랑칭기'라고 부른다.

한 폭의 동양화를 보는 듯 병풍처럼 끝없이 이어진 바위 산맥 그랑칭기가 빚어낸 자연의 걸작품을 보노라면 입이 다물어지지 않는다. 과거에 바다였던 이곳이 지각 변동으로 석회암이 위로 솟아 올라 빗물의 침식으로 각기 다른 형상의 조화를 이룬 모습은 한 폭의 거대한 진경산수화를 보는 듯하다. 하늘을 향해 뾰족뾰족 솟은 탑이 하나의 물결을 이룬 형상이 경이롭다. 뾰족탑은 누구를 향해 외치고 있는 걸까.

마다가스카르를 떠나며 드는 생각은 자연의 위대함에 대한 감사의 마음이다. 어쩌면 자연은 인간이 살아가야 할 거대한 집이자 공동의 둥지가 아니겠는가. 그 위대함이 새삼스러운 것은 아니지만 인간은 그 사실을 망각한 채 문명의 이기만을 좇으려는 어리석음을 범하고 있는지도 모를 일이다. 자연의 순리에 따르고 그 안에서 인간 존재를 확인해야 함을 깨우쳐 준 의미 있는 시간이다. 마다가스카르의 밤은 또 다른 수많은 세계를 펼치며 비밀을 간직한 채 깊어간다.

자연이 만들어 낸
지상 최대의 위대한 물줄기

아르헨티나Argentina

마음의 창문은 크기도 방향도 따로 정해져 있지 않다. 마음의 창문은 마음먹기에 따라 달라지는 도깨비 방망이 같다. 햇살 가득한 밝은 쪽으로 마음의 창문을 열면 따사로운 행복을 맛볼 수 있다. 감사하고 사랑하는 방향으로 마음의 창문을 열면 평안과 자유를 얻을 수 있다. 현상의 본질과 생명의 실상을 있는 그대로 볼 수 있게 해 주는 여행이야말로 마음의 창문을 크게 열어 주는 열쇠다. 여행길에서 만난 모든 것들이 마음의 창문을 활짝 열게 해 주는 기회가 된다. 여행은 밝고 환한 방향으로 마음의 창문이 크게 열리도록 마술을 부리는 게 아닐까.

세계에서 여덟 번째, 남미에서 브라질 다음으로 큰 국가이자 축구의 나라 아르헨티나는 삼각형 모양으로 남아메리카 남부 지역의 대부분을 차지하고 있다. 남쪽과 서쪽은 칠레, 북쪽은 볼리비아와 파라과이, 북동쪽과 동쪽은 브라질과 우루과이와 국경을 접하고 있다. 세계에서 열대 우림과 빙하를 동시에 갖춘 몇 안 되는 나라다. 국토가 남북으로 길게 뻗어 있어 여러 종류의 지형을 두루 갖고 있다. 서쪽으로는 지구상에서 가장 장엄한 지형으로 꼽히는 안데스 산맥이 있고, 남아메리카에서 가장 높은 해발 6,961m의 아콩카과Aconcagua 산이 우뚝 솟아 있다.

1898년 남미 여러 나라를 여행하면서 우리와는 사뭇 다른 광활한 자연과 문화에 큰 충격을 받았던 기억이 있다. 아르헨티나는 천혜의 자연환경과 비경을 가진 나라답게 열대 밀림 지역과 빙하 지역을 함께 관광할 수 있어 여행 재미가 쏠쏠하다. 전통 시장과 축제, 지방 민속 등에서 다양한 민족적 특성이 강하게 남아 있는 아르헨티나 여행의 백미는 누가 뭐래도 이구아수Iguazu 폭포를 관람하는 일이다. 이구아수 폭포는 남미 여행에서 빠질 수 없는 자타공인 명승지다. 아르헨티나와 브라질의 국경에 위치해 있는데 아르헨티나 쪽에서는 북동부에 위치한 미시오네스 주의 푸에르토 이구아수Puerto Iguazu 라는 마을에서 시작된다.

이구아수 폭포를 품고 있는 열대 밀림 지역은 이구아수 국립 공원으로 지정하여 1984년 세계문화유산에 등재되어 보호를 받는다. 주변을 둘러싼 아열대성 밀림에는 2,000여 종이 넘는 관다발 식물들이 자라고 맥, 큰개미핥기, 고함원숭이, 오셀롯, 재규어, 카이만 등 야생동물이 서식하는 아름답고 경이로운 자연 풍광으로 세계인의 이목을 끈다.

흔히 세계 3대 폭포로 미국과 캐나다 사이의 나이아가라Niagara 폭포와 아프리카 잠비아와 짐바브웨 국경에 자리잡은 빅토리아Victoria 폭포, 아르헨티나와 브라질 국경에 있는 이구아수 폭포를 꼽는다. 그 가운데 크기로만 비교한다면 이구아수 폭포가 단연 으뜸이다. 최대 높이가 약 82m, 좌우 폭은 3km, 300여 개의 크고 작은 폭포가 연속적으로 이루어진 이구아수 폭포는 자연이 만들어 낸 지상 최대의 물줄기임에 틀림없다. 이 폭포들이 엄청난 물보라를 일으키며 가장 멋진 장면을 연출해 어디서든, 어느 각도에서든 광대한 초대형 블록버스터 물줄기를 뿜어내고 있어 그 위용에 압도당한다. 압도적이다 못해 주눅이 들 정도다. 어마어마한 자연 경관 앞에서 쉴 새 없이 터져 나오는 감탄사마저 몽땅 집어삼켜 버릴 듯하다. 1986년에 개봉한 영화 '미션'은 이곳 이구아수 폭포 지역에서 일어난 역사적 사실을 근거로 만들어져 큰 감동을 주었다. 이구아수는 원주민인 과라니족의 언어로 '위대한 물'이라는 뜻을 담고 있다는데 그들은 이곳에서 세계에서 가장 위대한 폭포와 함께 지상 낙원의 삶을 영위하고 있다.

이구아수 국립 공원의 관광 루트는 높은 산책로Upper Trail, 낮은 산책로Lower Trail, 악마의 목구멍Garganta del Diablo에 이르는 세 가지로 나뉜다. 높은 산책로에서는 폭포의 바로 위쪽에 다리가 만들어져 있고 그 위를 걸으며 폭포를 감상하는 코스로, 상당한 스릴을 맛볼 수 있다. 낮은 산책로에서는 폭포를 아래쪽에서 바라볼 수 있으며 보트 투어, 산 마르틴San Martin 섬 트레킹 등을 할 수 있다. 악마의 목구멍 코스는 이구아수 폭포의 절정을 이루는 곳으로 이 루트는 폭포의 최상류 지역까지 올라가서 가장 많은 유량이 한곳으로 모여서 떨어지는 폭포의 절경을 감상할 수 있다. 직접 보트를 타고 폭포 가까이 가 보는 보트 체험은 아찔하고도 짜릿하다. 때 묻지 않은 태초의 밀림 속에서 빨려들 듯 울려 퍼지는 폭포의 굉음과 함께 금빛

이구아수 폭포 © 의자

머금은 장엄한 폭포수를 가장 가까이서 바라보면 눈앞에서 보고도 믿기지 않는 풍경에 숨이 멎는다. 폭포 사이로 전설의 거대한 콘도르condor가 날고 하얗게 피어나는 물안개에 걸린 무지개는 폭포가 만들어 내는 또 한 번의 신비한 마법이다.

이구아수 폭포의 최정상에 서면 정신이 아득해진다. 말 그대로 악마의 목구멍으로 빨려 들어가는 듯한 느낌을 받게 된다. 지구에 구멍이라도 뚫린 것 같이 끝도 없는 물줄기가 블랙홀처럼 아래로 향해 쏟아져 내린다. 총 4km의 폭을 가진 이구아수 폭포 중에서 가장 많은 유량을 자랑하는 악마

이구아수 폭포 © 김찬주

의 목구멍 속으로 들어가면 감탄사도 필요 없고 어떠한 잡념도 말끔히 사라져 버린다. 자연의 거대한 힘 앞에서 인간은 한없이 작아진다. 악마의 목구멍을 바라보며 한 번도 경험해 보지 못한 신세계 앞에서 여행객들은 두 팔 벌려 외마디 함성을 지르기도 한다. 때때로 기쁨의 눈물을 흘리며 환희의 찬가를 노래하기도 한다. 위대한 자연이 만들어 낸 눈부신 태초의 원시림. 그곳에서 비밀스럽게 숨어 있는 이구아수 폭포 여행은 일생에 쉬이 만나기 어려운 시간들로 오래 남아 있다.

식민지 문화의 역사를 간직한 해양 도시

피지[Fiji]

일상의 습관과 타성에 젖지 않으려면 작은 일 하나라도 반짝이는 눈으로 보고 쫑긋한 귀로 들으며 사물과 인간을 순수한 마음으로 교감하는 시간이 필요하다. 하얀 도화지 위에 마음 가는 대로, 붓 가는 대로 그림을 그리듯 마음껏 의식을 펼쳐 나가는 내면의 공간이 있어야 한다. 더 빨리, 더 많이, 더 높이 하려는 조바심도 버리고 잘 하려는 욕심마저 내려놓아야 한다. 그저 한 점, 한 획을 정성껏 그리겠다는 마음만 있다면 아무렇지 않아 보이는 삶도 매 순간 응축되어 소중하고 아름답게 꽃필 수 있을 것이다.

2017년 남태평양에 있는 여러 섬나라를 여행했다. 남서태평양 중앙부에 위치한 피지는 비티레부와 바누아레부 두 개의 큰 화산섬과 약 540여 개의 수많은 섬들로 이루어져 있다. 이 가운데 사람이 사는 섬은 100여 개가 된다. 피지는 뉴질랜드의 오클랜드에서 2,100km 북쪽에 위치해 있다. 19세기 말 사탕수수 재배를 위해 이주한 인도계 노동자들의 자손이 인구의 절반을 차지하며 경제권을 쥐고 있다. 문화와 종교의 차이로 인해 원주민과의 갈등이 가끔 빚어지기도 한다.

레부카는 피지의 로마이비티Lomaiviti 제도 중 세 번째로 큰 오발라우 섬의 동쪽 해안에 자리 잡은 소도시다. 영국 식민지가 되었을 때부터 피지의 수도 역할을 했다. 레부카Levuka 역사적 항구 도시는 19세기 후반의 원주민 공동체가 식민국의 문화, 특성, 제도를 수용하여 사회·문화적으로 융화되어 있다. 해양 식민지에서 나타난 흔치 않은 특징을 보인다는 점에서 그 가치를 높이 인정받아 2013년 유네스코 세계문화유산으로 등재되었다.

식민지 시대 전후의 흔적을 간직한 레부카 역사적 항구 도시는 식민국 영국의 특징적 건축 양식과 원주민의 전통적 건축 양식이 어우러져 독특한 풍경을 이루고 있다. 마을의 뒤쪽으로는 숲이 우거진 사화산이, 앞쪽으로는 코코넛 나무와 망고 나무가 줄지어 선 해변이 펼쳐져 있다. 19세기 당시 돌과 콘크리트로 쌓은 방파제가 설치된 해안로를 따라서 상가, 창고, 항만 시설들이 배치되어 있다. 안쪽으로는 섬의 윤곽을 따라 방사형으로 거리와 도로가 건설되어 있다.

남태평양 지상 낙원 피지는 아름다운 해변과 쾌적한 열대 기후, 다이빙과 스노클링 등 천혜의 자연 환경과 레저를 즐길 수 있다. 지금은 휴양지로 각광 받고 있지만 예전에는 식인종이 사는 섬으로 낙인 찍히며 왕래가 어려웠던 곳이다. 1806년 목재 무역을 하는 유럽인들이 제일 먼저 정착해 터전

마나섬 풍경 © 김찬주

을 잡은 레부카는 전성기 때는 호텔 수가 50개가 넘었다고 한다.

레부카에는 당시 설치한 주요 거리와 도로, 교량, 보행로, 계단 등이 처음 설계한 모습 그대로 남아 있다. 현재 식민지 시기 전후의 대표적인 건물과 유적지로는 토토가 마을과 나사우 마을, 구 카코바우 의사당, 보세 창고, 계약 노동자 센터, 방갈로, 성당과 사제관, 호텔, 항만청, 총독관저 터, 레부카공립학교, 타운홀, 오발라우클럽, 볼링클럽, 노동자 주거 시설과 단추 공장 터, 감리교회, 우체국과 관세청 등이 오랜 역사를 품은 채 남아 있다.

은빛 고기 떼가 바다 위를 춤추며 여행객들은 휴식과 휴양을 즐기는 곳 피지는 인간도 바다를 유영하는 한 마리 물고기 같다. 세상에서 가장 먼저 해가 뜨고 행복지수가 높은 남태평양의 외딴 섬 피지. 신혼 부부들의 허니문 여행지로 잘 알려져 있는 피지는 아름다운 해변과 야자나무 아래서 일광욕을 즐기며 낭만과 추억을 쌓기에 더없이 좋은 장소다. 섬 이곳저곳을 페리보트를 타고 순례할 수도 있고 해변을 따라 산책하는 즐거움도 크다. 피지에서 모든 근심과 걱정을 말끔히 씻어 줄 것 같은 해거름 노을진 바다를 바라보며 세상에서 가장 느린 속도로 살아 보는 건 어떨까.

천둥 치는 연기,
세상을 뚫는 빅토리아 폭포

짐바브웨Zimbabwe

'수적천석水滴穿石'이라는 말이 있다. 물방울이 계속 한 곳에 떨어지면 돌도 뚫는다는 뜻이다. 비록 하찮은 일이라도 그 일이 의미 있는 것이라면 시간이 지날수록 내공이 쌓여 돌도 뚫을 수 있을 만큼 큰 힘을 발휘한다는 것을 은유적으로 표현한 말이다. '뚫는다'는 말은 결국 목표를 이룬다는 것이다. 하나를 뚫으면 그 힘으로 다른 것들을 뚫는 게 쉬워질 수 있다. 우리가 기필코 뚫어서 목표를 이루려면 어떻게 해야 할까. 매일 조금씩 꾸준하게 인내심을 갖고 뚫는 힘이 축적되도록 멈추지 않아야 하리라.

아프리카 대륙은 때때로 예측 불허의 순간이 도사리고 있는 공포와 미지의 땅이다. 날것의 야생 동물이 광활하고 허허로운 초원 위를 느릿느릿 걸어 다니고, 원시림의 비밀스러운 공간에는 이 세상에는 없는 신비스러움이 숨어 있을 것만 같다. 사람들은 저마다 호기심을 가득 안고 문명에서 멀리 떨어진 원시를 경험하기 위해 아프리카로 길을 떠난다. 순례자들은 척박하고 잔인한 그 여행길에서 살아가는 이유와 위로를 찾곤 한다.

2001년 아프리카 남부 고원 지대에 위치한 짐바브웨 여행의 첫 번째 목적은 세상에서 가장 긴 길이를 자랑하는 빅토리아 폭포를 체험하기 위해서였다. 빅토리아 폭포는 세계 3대 폭포의 하나로 1989년 폭포로는 유일하게 세계문화유산으로 등재됐다. 폭 1.7㎞, 높이 108m로 나이아가라 폭포의 20배에 달하는 빅토리아 폭포는 짐바브웨와 잠비아 국경 지역에 위치하고 있다. 앙골라에서 시작해 보츠와나에서는 초베Chobe 강이 되었다가 짐바브웨에서는 잠베지Zambezi 강이 되어 거대한 폭포로 형성된다. 빅토리아 폭포는 짐바브웨를 먹여 살리는 젖줄 같은 존재다.

그런데 아프리카에 있는 폭포 이름을 영국 여왕 이름으로 붙인 이유가 뭘까. 1855년 스코틀랜드 탐험가 데이빗 리빙스턴David Livingstone이 이곳을 최초로 발견하고 영국 여왕의 이름에서 따와 '빅토리아'라고 이름 붙였다고 한다. 거대한 자연을 여왕에게 바치고 싶었던 걸까. 또 한 사람의 영국인 세실 로즈Cecil John Rhodes는 아프리카에서 수많은 원주민을 죽여가면서 황금과 다이아몬드를 영국으로 가져가 부를 축적했다. 힘의 논리로 지배한 식민지에서 온갖 약탈을 일삼아 온 것이다. 두 영국인 중 인간의 가치를 존중한 리빙스턴을 기억하는 사람은 많지만 황금에 눈이 먼 세실 로즈는 사라진 인물이 되고 말았다. 두 영국인이 남긴 교훈은 우리네 삶의 방향을 제시하는 것 같다.

빅토리아 폭포 © 김찬주

짐바브웨 토착민 칼롤로 로지Kalolo lozi 족族은 빅토리아 폭포를 '천둥 치는 연기'라는 의미를 가진 '모시 오아 툰야mosi-oa-tunya'라고 부른다. 비가 많이 오는 홍수기에는 분당 5억 리터의 물이 깎아지른 절벽 위에서 최대 108m의 낙차를 이루며 떨어진다. 그들에게는 천둥 같은 소리로 뿜어내면서 연기가 피어오르는 것 같다는 표현은 정말 적절해 보인다. 긴 협곡들 사이로 시원한 굉음과 물보라를 튀기면서 무서운 기색 하나 없이 쏟아지는 빅토리아 폭포는 커다란 흰색 스크린을 펼친 듯 강렬하다. 강한 햇빛에 반

빅토리아 폭포 © 의자

사된 포말이 손에 잡힐 듯한 무지개색을 입히는 광경은 한 폭 그림이 무색할 정도로 압권이다. 엄청난 수량의 물줄기가 굉음을 내며 토하듯 내려치고 다시 하늘로 솟구치며 폭우처럼 쏟아붓는 대자연의 경이로운 신비 앞에서는 침묵이 최상이다. 세상의 온갖 더러움과 지저분함을 말끔히 씻어 내는 듯하다. 세상을 정화한다는 게 이런 광경이 아닐까.

탐험가 리빙스턴이 탐험 노트에 '가장 경이로운 광경'이라고 감탄했다는 빅토리아 폭포는 가장자리에서 반경 45m 떨어진 곳에서도 폭포 소리가 천둥소리 같이 크게 들린다. 물보라 벽이 공중으로 305m 이상 튀어 올라 65㎞ 멀리 떨어진 곳에서도 이 광경을 볼 수 있다니 입이 다물어지지 않는다. 폭포는 다시 안개구름을 형성해 고운 비가 되어 내린다. 폭포 주변에는 1년 내내 초록빛을 띠며 무성한 나무숲을 형성하고 있다. 인간이 오염시키고 훼손하지 않는다면 자연의 혜택은 이렇듯 무한하다. 폭포에는 '보일링 포트Boiling Pot'라고 부르는 지점이 있다. 짐바브웨와 잠비아 쪽의 폭포에서 흘러내린 물줄기가 하나로 합쳐져 흐르다 회오리를 일으키며 잠시 머물다 가는 웅덩이를 말한다. 보일링 포트 바로 아래 폭포에 거의 직각 방향으로 리빙스턴 폭포교가 놓여 있다. 잠비아와 짐바브웨 사이를 오가는 기차와 자동차, 보행인이 이 다리를 이용한다.

짐바브웨에는 전 세계 관광객들이 찾는 빅토리아 폭포 국립 공원이 있다. 이곳에는 크고 작은 사냥용 짐승들이 많으며 위락 시설도 갖추고 있어 액티비티를 즐길 수 있다. 대부분의 여행객들은 잠바브웨 쪽에서 빅토리아 폭포를 본 후 국경의 다리를 건너 잠비아 쪽으로 가서 다시 폭포를 감상한다. 운이 좋다면 폭포에 걸린 무지개도 감상할 수도 있고, 젊은이들은 잠베지 강 다리에서 거대한 높이의 번지 점프를 즐기기도 한다.

달이 뜨는 밤이면 안개에 달무지개가 비쳐 환상적인 풍광을 자아내는 빅토리아 폭포. 온갖 번뇌 망상을 한방에 날려 버리고 마음속 찌꺼기까지 싹 씻어 줄 것만 같은 거대한 폭포에 압도당하며 또 한 번 작아지는 인간의 모습을 발견한다. 곧장 떨어져 내리는 폭포 앞에서 어려움은 기필코 뚫어 내겠다는 신념과 대자연의 당당함을 배워야 하리라.

에메랄드 빛에 물든 천혜의 휴양지 산호섬

몰디브 Maldives

삶에서 지치고 힘들 때 직접적인 영향을 미치는 것은 자신이 창조한 내면 세계로 다녀오는 여행이다. 그 내면의 세계로 들어가면 시간이 다르게 흐른다. 어쩌면 내면으로의 여행은 자신의 운명을 뒤흔드는 격심한 시련과 갈등이 전개되고 있는지 모른다. 현실의 여행지보다 훨씬 드라마틱할 수도 있다. 수시로 흔들리는 그 격정의 순간순간들을 확실히 알아차릴 수만 있다면 바른 견해가 뿌리내린다. 견해를 바르게 하면 자신을 더욱 단단하게 할 수 있다. 날마다 마음 여행을 떠나 보자.

서남아시아 인도양에 1,200여 개의 작은 산호섬으로 이루어진 몰디브는 1989년과 2016년 두 번에 걸쳐 여행을 다녀왔다. 아름다운 해변 풍광을 즐길 수 있는 고급 리조트가 즐비해 지상 낙원의 휴양지이자 신혼 여행지

산호섬 © 의자

로 각광받는 곳이다. 점점이 떠 있는 수많은 산호섬에 사람이 사는 곳은 200여 개 뿐이다. 몰디브에서 가장 큰 정착지는 수도 말레Malé이다. 이곳을 제외하고 원주민들은 흩어져 있는 환초들 가운데의 작은 섬들에서 촌락을 이루며 살고 있다.

몰디브 여행은 특별하다. 흔히 이곳저곳 유적지를 둘러보며 쇼핑을 즐기는 내륙 여행과는 달리 온전히 섬 리조트에서 즐기는 시간이 대부분이다. 온통 바다로 둘러싸여 섬에서 섬으로 이동하려면 보트나 수상 비행기를 이용해야 하기에 여행객들은 하나의 럭셔리 리조트에 머물면서 시간을 보내는 경우가 많다. 아쿠아파크에서 엑티비티를 하거나 맛있는 음식을 먹으며 끝없는 바다를 감상하면서 온전한 휴식을 취하는 게 가장 좋은 여행 방법이다. 1,200여 개의 섬 중에서 고급 리조트가 있는 곳은 100여 개에 불과하다. 결국 몰디브에서의 여행은 맘에 드는 리조트를 찾는 것에서부터 시작된다.

몰디브를 이해하려면 환초atoll에 대한 이해가 필요하다. 환초環礁는 고리 모양으로 배열된 산호섬을 뜻한다. 항상 원형을 이루는 것이 아니라 폐쇄형의 넓은 환초도 있다. 산호초의 최정상부는 받침 접시 같은 형태를 띠고 암초의 가장자리는 해수면과 접해 있다. 암초 중앙 깊은 곳에 초호礁湖가 있다. 수심 약 50m 이상인 환초는 지름이 수십 킬로미터나 된다. 초호는 환초에 둘러싸인 얕은 바다인데 그것이 바로 석호潟湖 라군Lagoon이다. 몰디브의 에메랄드빛 바다색이 바로 라군의 색깔이다. 몰디브는 총 26개의 환초로 구성되어 있고 대부분 이곳에 리조트가 들어서 있다.

몰디브 서쪽 아랫 부분에 위치한 바아Baa 환초는 몰디브의 환초 중에서 생물이 가장 풍부하다. 투명하고 깨끗한 청정 지역으로 몰디브 최초로 유네스코 생물권 보호 구역으로 지정되었다. 몰디브 여행에서 빼놓을 수 없는 것이 바로 환초 탐험이다. 최적기인 6월부터 11월 사이에 여행한다면 다양한 아쿠아 프로그램과 함께 돌고래, 바다거북, 만타가오리, 상어 등을 쉽게 만날 수 있다. 너스샤크Nurse Shark라는 수염상어와 헤엄쳐 보는 경이로운 체험도 할 수 있다.

몰디브는 섬이다. 머물러 있는 공간을 제외하면 사방 천지가 에메랄드빛 아름다운 바다다. 어느 리조트에 자리 잡든 손을 뻗으면 닿을 만큼 가까운 곳에 바다가 끝없이 펼쳐져 있다. 이곳에서의 가장 멋진 여행은 오직 편히 쉬는 일 뿐이다. 지친 몸과 마음을 회복하고 활력을 되찾는 일에 몸과 마음을 맡기면 그만이다. 진정한 휴양은 외적이든 내적이든 가벼워지는 것에서부터 출발해야 한다. 온갖 복잡함으로부터 해방되어 온전히 현재에 머무는 순간, 여행은 시작되는 것이다. 몰디브에서는 평온하고 여유롭게 오롯이 즐기겠다는 마음만 있으면 된다.

가장 먼저 햇살을 맞으며 눈앞에 옥빛 바다가 펼쳐지고 가까이 파도 소리가 아침을 깨우는 몰디브는 아늑한 열대의 자그마한 섬에서 조용히 휴식을 즐기며 환상적인 자연 경관을 누리기에는 안성맞춤인 꿈의 여행지다. 투명한 유리처럼 바닷물이 온 사방에 펼쳐져 있는 몰디브. 모히또 한잔을 즐기며 인생에서 단 한 번 오감 만족의 호사스러운 여행을 꿈꾼다면 단연 몰디브 여행이 최고다.

아프리카에서 만난 찬란한 붉은 아랍 문화

모로코Morocco

세상일이 혼자 힘으로 다 될 것 같지만 살면서 혼자서 할 수 있는 게 의외로 많지 않다. 인드라의 그물망처럼 얽혀 있는 게 우리네 인생이다. 그래서 관계 맺기는 살아가는 데 있어서 참으로 중요하다. 좋은 관계는 우리를 행복하게 해 주고, 좋지 않은 관계는 마음을 불편하게 한다. 서로에 대한 배려심과 진실한 마음이야말로 좋은 관계를 맺게 해 주는 기본 요소가 아닐까. 세상은 하나의 꽃이다. 수많은 사람을 만나고 헤어지면서 그들에게 도움을 받고 위로를 느낄 때마다 서로는 하나가 된다. 특별히 여행지에서의 따듯한 배려와 정감 어린 말 한마디에 여행자의 피로는 스르르 녹는다.

아프리카의 작은 아랍이라 불리는 모로코는 또 다른 매력으로 순례객을 빨아들인다. 2006년, 2010년, 2018년 세 차례 모로코를 여행했다. 아프

페스 가죽염색 테너리 © 의자

리카 북서단에 위치하며 아틀라스 산맥이 병풍처럼 펼쳐져 있는 모로코의 정식 명칭은 '모로코 왕국Kingdom of Morocco'이다. 국민 대부분은 베르베르인으로 7세기 말 이슬람 세력의 침략을 받아 이슬람교를 믿게 되어 많은 고대 이슬람 건축물과 전통적 관습을 잘 보존하고 있다.

모로코에는 이슬람의 창시자 마호메트의 자손이 진출하여 왕조를 건설했기에 이슬람의 성지를 뜻하는 메디나Medina가 있다. 1062년 베르베르Berber인이 건설한 마라케쉬 메디나는 유구한 역사와 더불어 중세 아랍 건축술이 집대성되어 있는 곳으로 옛날 모습을 고스란히 유지하고 있어서 1985년 세계문화유산으로 등재되었다. 모로코의 제 3대 도시이며 인

쿠투비아 모스크 탑 © 김찬주

구 100만 명이 넘는 마라케쉬는 11세기 후반에 베르베르인의 알모라비드Almoravid 왕조에 의해 형성되기 시작했다. 1554년 사디Saadi 왕조의 도읍으로 정해진 뒤 비약적인 발전을 이룩하여 그 시대에 이루어진 건축물을 감상할 수 있다. 붉은 흙빛의 천연 건축 재료인 점토로 만든 성벽과 건물이 옛 모습을 고스란히 간직한 채 남아 있다. 흙의 색깔, 건물의 벽이 온통 붉은색으로 되어 있어 '붉은 도시' 혹은 '붉은 진주'라고 불리기도 한다. 메디나는 주로 시가지의 동쪽에 위치하고 주위는 성벽으로 둘러싸여 있다.

사하라 사막 가장자리에 위치한 오아시스 도시 마라케쉬에는 꼭 둘러보아야 할 곳이 몇 군데 있다. 메디나의 '고동치는 심장' 또는 '축제의 광장'이라고 불리는 제마 알프나Jemaa al-Fna 광장이다. 하루 종일 인파로 붐비는 이 광장에는 뱀 부리는 사람, 줄타기 하는 곡예사, 민속무용단, 짐승 부리는 사람 등이 모여들어 여기저기서 제각기 재주를 부린다. 미로로 얽혀 있는 마라케쉬 메디나의 복잡한 뒷골목에서는 향료와 장식품, 갖가지 물품을 만드는 작업장과 상점들로 북새통을 이룬다. 엄청난 인파가 일상인 제마 알프나에서 여기저기 기웃거리며 구경하노라면 정신을 잃을 지경이다.

옛날 이곳에는 공개 처형장이 있었기 때문에 '죽은 자의 집합소'라 불렸는데, 지금은 '산 자들의 집합소'라 할 정도로 사람들의 활기로 가득하다. 아침부터 밤늦게까지 연극과 각종 곡예가 펼쳐지고 악기가 연주되며 다양한 먹거리가 거리를 가득 메운다. 또 재담가들의 입담과 상인들의 아우성이 넘쳐난다. 중세 때부터 내려온 메디나의 문화 생활상을 단적으로 보여 준다. 그야말로 왁자지껄한 사람 냄새가 물씬 풍기는 공간 속에서 맡는 진한 삶의 향취는 모로코만의 독특함을 느낄 수 있다. 서민들의 숨결이 온갖 잡음과 함께 오롯이 느껴지는 광장을 온종일 서성이다 보면 모로코 사람들의 체취를 흠뻑 느낄 수 있다. 밤이 되면 관광객들을 상대로 포장마차나 노점이 번화한 야시장으로 변한다. 진한 아랍의 향취가 물씬 배어나는 이곳은 아마도 세상에서 제일 흥미로운 광장이 아닐까.

시가의 중심, 마라케쉬의 심장이라 불리는 쿠투비아Koutoubia 모스크 탑은 마라케쉬 메디나의 상징이자 아랍 문명을 단적으로 보여 주는 역사적 건축물이다. 탑의 높이는 77m, 사원의 면적은 5,400㎡로 부지 안에 17개의 예배당이 있어 2만 5천 명의 신도를 수용할 수 있는 매머드 시설이다. 1153년 술탄 압델무멘Abdel Mou'men과 그의 아들 아부 야쿠브 유세프Abou Yacoub Youssef에 의해 착공되어, 1190년에 준공되었다, 어마어마한 규모의 이 모스크는 지어진 12세기 당시 메디나의 위상을 실감나게 한다. 이 탑은 시내 어느 곳에서나 볼 수 있어 여행자들은 어느 곳으로 가든 이를 길잡이 삼아 자신의 위치를 확인한다. 세 개의 황금 왕관을 얹은 탑은 아침 저녁으로 햇살을 받아 아름답게 반짝이며 순례객을 반긴다.

머리는 유럽, 가슴은 이슬람, 다리는 아프리카를 가진 나라가 모로코다. 가장 번잡하지만 깊은 내면의 역사를 간직한 모로코는 다양성이 보여 주는 황홀함에 풍덩 빠지게 한다. 아프리카 여행은 지루할 틈이 없다. 모로코는 더욱 그렇다. 변화무쌍한 자연의 풍광들에 넋을 잃기도 하고, 이색적인 삶의 모습에서 숙연해지기도 한다. 아프리카 같지 않은데 아프리카 땅에 속한 모로코. 영화 속 한 장면에 들어온 듯한 거리와 아름다운 해변과 사막을 품은 모로코에는 볼거리도 많고 즐길 거리도 많아 추억 쌓기에 그만이다.

세상에서 가장 행복한 남태평양의 조그마한 섬나라

바누아투Vanuatu

여행을 통해 얻을 수 있는 이익은 셀 수 없이 많다. 그 가운데 가장 중요한 것은 스스로를 구원할 수 있다는 사실이다. 여행은 우리에게 많은 선물을 안겨 준다. 마음의 평정과 자유를 통해 자신의 무거운 짐을 내려놓을 수 있다. 여행은 즐겁고 설렘을 가져다 준다. 여행을 하는 동안 마음의 괴로움은 눈 녹듯 사라지고 삶의 향상과 참된 지혜를 발견할 수 있으니까. 여행은 자신을 돌아보게 하는 열린 창이다. 여행을 통해 스스로의 마음을 지배하는 진정한 승자勝者가 될 수 있다면 무엇을 더 바랄 것인가.

바누아투는 솔로몬 제도의 남동쪽, 오스트레일리아 시드니에서 북동쪽으로 2,550km 떨어진 남태평양에 있는 섬나라다. 4개의 큰 섬과 83개의 작은 섬들이 Y자형 사슬 모양으로 형성되어 있는 청정 지역이다. 이들 섬들은 침식된 화산섬으로 심한 폭발을 되풀이하는 활화산도 여러 개 있는데 65개 섬은 사람이 살지 않는 무인도다. 해안선은 약 2,528km로 길게 뻗어 있다.

바누아투는 남부의 섬들이 사바나의 초원과 덤불이 무성한 반면, 북부의 섬들은 열대 우림으로 우거져 있다. 과거에는 비옥한 지역이 광대하게 펼쳐져 있어 식민지 개척자들이 이곳에 처음 발을 들여놓았을 때 그들은 코코야자와 커피, 코코아를 재배하는 대규모의 농장을 건설하고 많은 무리의 육우 사육 농장도 세웠다. 코코야자의 과육인 코프라와 코코야자 기름과 쇠고기는 바누아투의 주요 수출품이다.

바누아투는 17세기 초 바누아투의 가장 뛰어난 마지막 추장이었던 로이 마타Roi Mata의 삶과 죽음을 엿볼 수 있는 유적이 있다. 바누아투 로이 마타 추장 영지인데 2008년 바누아투에서 처음으로 등재된 세계문화유산이다. 이곳에는 로이 마타가 살던 집과 죽은 곳, 로이 마타의 공동묘지가 있다. 추장에 대해 전해 내려오는 구전과 고고학적 유물도 만날 수 있어 무척 흥미롭다. 그가 신봉하고 설파했던 도덕적 가치와 로이 마타의 사회 개혁과 갈등 해결 방식이 이 지역 사람들과 관련하여 여전히 적용되고 있다는 점도 무척 특별하다.

바누아투 로이 마타 추장 영지 유적은 17세기 초기의 것으로 에파테Efate 섬, 렐레파Lelepa 섬, 아르토크Artok 섬의 세 군데에 펼쳐져 있다. 로이 마타 추장은 주변의 여러 추장들과 더불어 마을의 평화를 위해 헌신하고 개혁을 이룬 사람이다. 그 공로로 지금까지도 존중과 인정받는 지도자상으로

로이마타 추장 영지 © 김찬주

추앙 받고 있다. 로이 마타의 평화주의적 삶은 바누아투 사람들에게 깊은 영향을 끼쳤다. 남아 있는 유적들은 그가 얼마나 도덕적 가치와 신성한 삶으로 사회적 문제를 해결했는지를 잘 증명해 준다.

바누아투 로이 마타 추장 영지는 태평양 지역에 지금까지 존재하고 있는 추장 제도의 대표적인 유산이라 할 수 있다. 추장이 남긴 정신적, 도덕적

유산의 가르침이 지금도 후손들에게 그대로 잘 전해지고 있다는 사실이 놀랍다. 로이 마타 추장 영지는 현재 바누아투 사람들에게 힘의 원천이자 사람들이 삶의 문제를 헤쳐나가는 영감의 원천으로서 여전히 그 존재감을 나타내고 있다.

바누아투인들의 삶은 1452년에 발생한 북쪽 셰퍼드Shepherd 군도의 쿠와에Kuwae 화산 분출로 인해 파국을 맞이했다. 로이 마타가 죽은 후 아르토크 섬에 묻히자 망가스Mangaas의 정착지는 버려졌고 다시는 사람이 살지 않게 되었다. 1840년 무렵에는 유럽과 접촉하기 시작했으며, 20년 후에는 선교사를 비롯한 수많은 유럽인들이 정착했다. 펠스Fels 동굴은 1870년대부터 영국 해군 군함이 정기적으로 방문하는 관광 명소가 되었다. 1898년경에는 대부분의 사람들이 기독교로 개종했는데, 그 후 발생한 전염병으로 에파테 섬과 인근 섬들의 주민들이 많이 죽었다. 살아남은 사람들은 1980년 독립 때까지 유럽 정착민들이 갖고 있던 빈 땅에 조금 더 큰 정착지를 만들어 살 수밖에 없었다. 독립 후에는 에파테 섬의 55%가 외국 투자자들에게 임대되었다.

2017년 남태평양 여러 섬나라를 여행하면서 머문 바누아투는 바다의 낭만이 가득한 곳이었다. 하얀 산호와 투명한 비취색 바다를 품은 다소 생소하고 낯선 나라 바누아투는 여행 마니아들 사이에서는 인기 있는 나라다. 바누아투의 원주민인 니바누아투Ni-Vanuatu가 전 인구의 99%를 차지하는데 금발 흑인이라는 상당히 독특한 인종이 살고 있다. 지금도 뜨거운 심장을 가진 불꽃이 춤을 추는 화산이 살아 숨쉬는 섬이다.

경이로운 지구 풍경을 간직한 국가별 행복지수 조사에서 최고의 점수를 자랑하는 남태평양의 작은 섬나라 바누아투. 고층 빌딩도 거의 없고 걸어서 30분 정도면 도시를 다 둘러볼 수 있다. 처음으로 번지점프가 유래한 보석 같은 섬 바누아트. 이곳에서는 때묻지 않은 원주민과 에메랄드빛 망망대해를 맘껏 헤엄칠 수 있는 자유를 만끽할 수 있다.

바누아투에는 바다의 낭만을 즐기기 위해 하이드어웨이 섬에는 수중 우체국이 있다. 세계 최초로 바다의 낭만과 추억을 고향으로 보내 주는 수중 우체국은 또 다른 낭만을 선물한다. 여행자들을 흠뻑 빠져들게 만드는 너무나 매력적인 여행지 바누아투에서는 가장 빛나는 건 바다이고, 바다가 사람을 부른다.

생명력 넘치는 원시 자연을 품고 살아가는 사람들

케냐Kenya

대부분의 사람들은 자신의 일터에서 평범하게 일하면서 시간을 보낸다. 그 나머지는 먹고 마시는 일이나 사람들을 만나고 대화하면서 많은 시간을 보낸다. 일상적인 삶을 더욱 윤택하고 여유롭게 하려면 잠시 잠깐이라도 자신을 바로 보기 위한 시간을 가져야 한다. 진리의 거울에 자신을 바로 세워 비춰 보는 일은 언제 어디서나 할 수 있는 것 중에서 가장 쉬운 일이기도 하다. 진리의 거울은 어느 한쪽으로 쏠리거나 변덕스럽고 간사한 감정의 흔들림을 바로잡아 준다. 진리의 거울은 삐뚤어지고 잘못된 면들을 바로잡아 몸과 말과 생각을 올바르게 세워 주기 때문에 항상 가까이 두고 볼 일이다.

케냐는 중부 아프리카 동쪽 해안에 위치해 북쪽으로는 에티오피아와 수단을 인접국으로 한다. 동쪽으로는 소말리아와 인도양을 경계로 하며, 남쪽

마사이마라 © 의자

으로는 탄자니아, 서쪽으로는 우간다와 접해 있다. 국토의 정중앙을 적도가 가로지른다. 노동 인구의 80%가 농업에 종사하는 농업국으로 아프리카에서 비교적 안정된 경제력을 가진 나라다. 비단결 같은 푸른 초원의 사바나 지대인 세렝게티 대평원이 광활하게 펼쳐져 야생 동물들이 마음껏 살아 숨 쉬는 동물의 왕국 케냐는 일 년 내내 사파리를 즐기려는 관광객들의 발길이 끊이지 않는다.

2007년 여행한 케냐는 자연의 신비가 잘 간직된 곳이었다. 무한한 생명력의 동물들과 함께 서로 다른 문화를 가진 42개 민족이 그들만의 전통을 이어 오면서 살고 있다. 그 중에서 큰 키에 붉은 망토를 걸치고 기다란 막대기 하나만 들고 끝없는 평원을 걸어가는 유목 민족 마사이족이 유명하다. 그들은 세계에서 가장 잘 걷는 사람들이다. 마사이족은 요통이나 허리 디스크 환자가 없다고 한다. 항상 올바르고 곧은 자세로 하루 평균 25km 정도를 맨발로 빠른 속도로 걷기 때문이다.

공동체를 이루며 그들만의 고유한 전통을 간직하고 있는 마사이족은 척박한 땅에서 수백 년 동안 소와 양, 염소 등 가축을 기르고 전사의 전통을 이어가며 삶을 영위해 간다. 마사이족은 넷이 모이면 사자를 잡고, 심지어 사자의 먹이를 빼앗아 온다고 할 정도로 용맹하다. 아프리카에서 최고의 전사로 명성을 떨치며 오랜 전통을 간직한 그들과 함께 보낸 시간은 뇌리에 박혀 뚜렷이 각인된다.

케냐에는 그 색상이 너무 아름다워 '비취 바다'로 불리는 투르카나Turkana 호수가 있다. 1997년 유네스코 세계문화유산으로 등록된 투르카나 호수 국립 공원은 아프리카에서 가장 높은 염도를 지닌 거대 호수와 원시 자연 환경을 잘 간직하고 있다. 투르카나 호수 국립 공원은 매년 350여 종류의 수많은 철새들이 머물다 떠나며 세계에서 가장 큰 나일악어와 하마, 독사의 번식지이기도 하다. 그 밖에도 흑백콜로부스 원숭이와 사이크스 원숭이, 부시벅, 버팔로, 코끼리, 올리브 원숭이, 표범, 코뿔소 등 다양한 희귀 동물들이 서식하고 있어 동식물 연구의 최적지로 꼽힌다. 이곳에서 발견된 700만 년 전으로 추정되는 나무 화석은 아프리카 대륙의 원시 환경을 이

투르카나 호수 © 김찬주

해하는 중요한 연구 자료가 되고 있다. 게다가 약 200만 년 전에 살았던 것으로 추정되는 최초 인류와 관련된 화석이 발견되어 더욱 의미가 깊다. 이런 사실들은 인류가 생존한 최초의 땅이 바로 아프리카임을 잘 증명해 주는 것이리라.

투르카나 호수 부근의 기후는 몹시 덥다. 최북단을 빼놓고는 건조한 데다 남동쪽에서 모래를 실은 바람이 끊임없이 불어와 사람이 살기 어려운 환경이다. 조상 대대로 투카나족, 수상족 등이 유목 생활과 어업으로 생계를 유지하고 있다. 희귀 부족 엘모로ElMolo 족도 산다. 엘모로 족은 예전에는 작살로 악어를 사냥하며 전사의 모습을 보였다. 하지만 지금은 지구 온난화와 가뭄으로 인해 살기 어려운 환경으로 변해 버렸다. 뜨겁게 달군 먼 사막 길을 걸어 흙탕물을 길어 와 마셔야 하는 핍박한 삶을 살고 있어 안타깝기만 하다. 그들은 이 척박한 땅을 떠나지 않고 푸른 야자수 묘목을 심으며 희망을 가꾸어 나간다. 그들의 공동체가 하루빨리 풍요로워지기를 기도해 본다.

아프리카의 시간은 늘 현재다. 과거를 돌아보거나 미래를 설계할 틈이 없다. 현재의 삶에 풍덩 빠져서 열심히 헤엄칠 수밖에 없어 보인다. 그들의 삶은 느리고 척박하지만 소박하고 긍정적이다. 하늘의 별만큼이나 반짝거리는 눈과 미소를 간직하며 순종적으로 현재를 받아들인다. 아프리카 사람들이야말로 너와 나를 구분하지 않고 진정 우리로서 살아가는 조화로운 사람들이다.

마사이 부족과 함께(2007년)

원시림을 품은 자연의 경이로움과 인공미로 가득한 축제의 나라

브라질Brazil

요즘처럼 치열한 경쟁 사회에서 느리게 산다는 것은 결코 칭찬할 일이 못 된다. 남들보다 더 빨리, 더 멀리 가야만 겨우 살아남을 수 있는 세상이다. 그런데 너무 빠르게 가다 보면 놓치는 게 생기기 마련이다. 자칫 잘못하면 자신을 잃어 버릴 수도 있다. 그럴 때 박차고 일어나 천천히 느리게 걸으면서 호흡을 관觀해 보라. 느림은 고요와 침묵으로 내면을 들여다보라고 가르친다. 느리게 천천히 흐르다 보면 어느새 쉼의 섬에 도달한다. 그러면 의식은 깨어나 마음의 평온과 자유를 얻을 수 있다. 가끔은 느린 거북이 여행을 떠나 보자.

1998년도에 방문한 브라질은 축제의 나라답게 즐거움으로 가득했던 여행이었다. 남아메리카 대륙의 48%를 차지하여 남미에서 인구가 가장 많고 가장 큰 나라 브라질은 에콰도르와 칠레를 제외한 남아메리카의 모든 나라와 국경을 접하고 있다. 브라질이라는 이름은 브라질 나무라고 부르는 아라부탄의 수액을 '브라지레brazier'라고 부른 데서 유래했다고 한다. 브라질은 16세기 경 포르투갈의 지배 아래 있었기 때문에 남아메리카의 다른 국가들과 달리 유일하게 포르투갈어를 공용어로 사용한다. 가장 두드러진 지형인 북쪽 지역은 아마존 강이 흐르는 세계 최대의 열대 우림이 차지하고 있다.

아마존 강은 지류가 1,000개가 넘는 세계에서 가장 큰 강으로 유역 면적이 약 704만 7,000㎢가 넘는다. 우리나라의 70배가 넘는 어마어마한 면적이다. 아마존 강 유역의 2/3가 브라질 북부에 있는데 이는 전 국토의 45%에 해당한다. 아마존은 측정이 불가할 정도로 지구상에서 가장 거대한 강이다. 브라질, 베네수엘라, 콜롬비아, 에콰도르, 페루, 볼리비아까지 여섯 나라에 걸쳐 흐르지만 브라질이 차지하는 비율이 가장 크기 때문에 아마존은 곧 브라질을 상징하는 이름이 됐다. 아마존에는 기상천외한 희귀한 동식물들과 대대로 그곳을 터전 삼아 살아온 원주민들이 함께 공존하며 살고 있다. 지구의 허파라 불릴 만큼 거대한 아마존 정글 속을 여행하는 일은 쉽지 않다.

아마존 여행은 브라질 마나우스Manaus를 출발해 배를 타고 페루 이키토스Iquitos에 닿는 여정이다. 아마존 투어를 신청해 보름 동안 배를 타고 거슬러 올라가며 해먹에서 잠을 자고 생활하면서 아마존 이곳저곳을 경험한 낭만 여행은 무척 흥미로웠다. 가도가도 끝없이 펼쳐지는 초록의 숲과 저녁이면 어김없이 찾아오는 색다른 일몰의 풍경들, 낮에는 무더위와 싸우고 밤이 되면 온갖 날벌레와 씨름하지만 거대한 강에서 맞이하는 밤의 적막감과 쏟아질 듯 반짝이는 별들의 무리들은 잊을 수가 없다. 강물 위에 둥둥 떠서 마치 은하계를 여행하듯 황홀감에 빠지는 건 왜일까. 수없는 여행지 중에서 다시

아마존 강 © 의자

가 보고 싶은 곳을 꼽으라면 망설임없이 아마존이다.

브라질의 또 다른 명소 리우데자네이루Rio de Janeiro는 호주의 시드니, 이탈리아의 나폴리와 더불어 세계 3대 미항美港으로 꼽힌다. 브라질에서 가장 유명한 관광 도시로 명성이 높다. 옛 브라질의 수도였던 리우데자네이루는 음악가·조경사·도시계획 전문가들에게 예술적 영감을 주는 장소로도 잘 알려져 있다. 2012년 세계문화유산으로 등재된 이 유적은 산꼭대기에서부터 바다에 이르기까지 독특한 도시 풍경과 자연 환경이 잘 어루어져 도시 전체가 예술적 영감을 준다. 리우데자네이루 코파카바나Copacabana 해안은 도시의 활기찬 야외 문화와 잘 어울려 아름다운 풍광을 자랑하며 광범위하게 펼쳐져 있다. 1808년에 만들어진 식물원과 코르코바두Corcovado 산에 두 팔 벌리고 서 있는 예수 그리스도 동상, 구아나바라Guanabara 만 주변의 언덕 등이 유산에 포함되어 있다.

코르코바두 산 정상에 세워진 예수 그리스도 조각상은 건립되기까지 복잡한 사정이 많았지만 지금은 세계인의 발길을 사로잡는 브라질의 대표 관광지가 됐다. 티주카Tijuca 삼림 국립 공원 안에 있는 고도 700m 코르코바두 언덕 위에 세워진 이 조각상은 프랑스 건축가 폴 란도스키Paul Landowski에 의해 설계되었고, 브라질과 프랑스의 기술자들이 힘을 합쳐 강화 콘크리트와 동석으로 만들어졌다. 1922년에 시작해 1931년 완공한 예수상은 받침대까지 합한 높이는 38m, 양 팔 사이의 길이는 28m, 무게는 약 635톤으로 브라질의 랜드마크가 되었다. 예수의 모습을 새긴 조각상으로는 세계 최대 규모이다. 리우데자네이루가 한눈에 내려다보이는 곳에 위치해 웅장함을 자랑한다.

브라질의 도시 리우데자네이루와 관련된 것들을 가리키는 말로 '산과 바다 사이의 카리오카carioca 경관'이라고 말하는 이유를 알 것도 같다. 멕시코의 치첸이사, 이탈리아의 콜로세움, 중국의 만리장성, 페루의 마추픽추, 요르단의 페트라, 그리고 인도의 타지마할과 함께 세계 7대 불가사의 중 하나로 선정된 두 팔 벌린 예수상은 그야말로 온몸으로 아름다운 도시를 끌어안고 '경이로운 도시'라는 별명을 대변하는 듯하다. 자연미와 인공미가 다양하게 공존하는 리우데자네이루의 조화로움에 흠뻑 취하게 만든다.

리우데자네이루 예수상 © 김찬주

남미의 푸른 보석 브라질은 천혜의 자연과 열정 가득한 축제로 발길 닿는 곳마다 여행자를 사로잡는다. 끝없이 펼쳐진 초원과 아마존 강의 빽빽한 원시림, 작열하는 태양 아래에서 벌어지는 정열의 축제, 삼바와 카니발의 본고장이며 축구의 강국인 브라질을 상징하는 단어는 수없이 많다. 이런 환상적인 이미지들을 가슴에 품고 세계 각지의 관광객이 모이는 곳이 바로 브라질이다. 브라질에서는 삶이 곧 축제다. 이곳에서는 진정 즐겁게 사는 게 무엇인지를 배워야 하리라.

아름다운 자연과 독특한 문화를 간직한 남태평양의 파라다이스

파푸아뉴기니Papua New Guinea

인간은 누구나 행복해지기를 원한다. 그런데 행복은 원한다고 찾아오는 것은 아니다. 행복을 머리로만 받아들인다면 행복해지기는 어렵다. 행복은 관념적인 것이 아니라 몸소 행동으로 옮길 때 얻어진다. 말만 앞세우는 사람은 결코 행복을 얻을 수 없다. 언제나 가슴을 펴고 당당하게 몸으로 행동하는 사람은 행복에 더 가까이 갈 수 있다. 행복한 사람은 어떤 역경이 닥쳐와도 자신이 행복해야 할 이유에 초점을 맞춘다. 행복해지기를 바란다면 행복의 조건에 귀기울이고 즉시 행동으로 옮겨 보라.

태평양 남서부에 위치한 섬나라 파푸아뉴기니는 국토의 약 85%를 차지하는 뉴기니 섬의 동반부와 비스마르크Bismarck 제도, 부건빌Bougainville 섬 등 600여 개의 섬들로 이루어져 있다. 오세아니아의 국가 중에서 유일하게

쿠크 초기 농경지 © 김찬주

육지에 국경이 존재하는 나라다. 뉴기니 섬은 오랫동안 격리되어 있었던 섬이기에 생물학적으로 다양하고 진귀한 동식물을 볼 수 있다. 대표적으로 나무캥거루가 유명하며 바늘두더지, 주머니쥐, 화식조 같은 희귀 동물들이 있다. 식물은 3,000여 종의 난초류와 여러 종류의 열대 해안 관목림 등 매우 다양하다.

국토의 70% 이상이 빽빽한 열대 우림으로 되어 있다. 그곳에서 자라는 1,200여 종의 나무와 뉴기니 섬 해안에서 자라는 620여 종의 판다누스 screw-pine도 인상적이다. 다양한 생물과 생태계가 존재하기에 자연 애호가들이 즐겨 찾는다. 뉴기니 섬을 가로지르는 뉴기니 산맥은 높은 봉우리와 깊은 계곡, 폭포, 강 등이 연속적으로 이어져 있어서 트래킹을 즐기려는 사람들에게는 인기 만점이다.

파푸아뉴기니에는 다양한 민족이 산다. 700여 개 민족이 파푸아인과 멜라네시아인으로 크게 나뉘는데, 전체 인구의 4/5는 파푸아인이다. '파푸아'라는 말은 멜라네시아인들의 짧은 곱슬머리를 뜻하고, 뉴기니는 아프리카 기니만 주민과 비슷하게 생겼다고 해서 붙여진 이름이다. 그래서인지 해안에는 수영을 즐기는 곱슬머리 어린아이들을 쉽게 만날 수 있다. 플라이·세피크 강의 넓은 습지 유역은 인구가 매우 희박하고 대부분의 주민은 시골에 거주하기 때문에 파푸아뉴기니는 세계에서 인구 밀도가 가장 낮은 나라 중 하나로 꼽힌다.

파푸아뉴기니에는 2008년 유네스코에서 세계문화유산으로 지정한 해발 1,500m 고지대의 쿠크 습지대에 있는 쿠크Kuk 초기 농경지가 있다. 고고학 발굴에 의해 10,000년 동안 농사가 계속 되어 온 습지 매립지대로 농업 발달과 변화의 흔적이 남아 있는 중요한 곳이다. 쿠크 초기 농경지는 농법의 변화를 보여 주는 세계에서 몇 안 되는 곳이다. 토지 개간부터 나무 도구를 이용해 도랑을 파서 배수 시설을 만드는 등 시간이 지나면서 농사법이 변화 발전한 것을 확인할 수 있다.

파푸아뉴기니에 처음으로 사람이 정착한 것은 약 5만 년 전에 인도네시아를 거쳐 동남아시아에서 뉴기니로 이주한 것으로 추정된다. 뉴기니 섬에 최초로 정착했던 사람들은 사냥꾼들이었다. 그들은 처음에는 사냥을 주로

했으나 그 후에 있었던 이주를 통해 농업이 도입되었다. 쿠크 초기 농경지는 약 100년 전까지만 해도 도랑을 파서 배수를 하고, 전통적인 방법으로 토지와 강 가장자리 초지에 바나나와 뿌리 작물을 경작했다.

유럽인들이 금 채굴이나 선교를 하기 위해 이곳에 왔던 1930년대까지 강가 가장자리 초지에서 경작을 하고 있었다. 1950년대에 이르러 진입로를 건설한 후에야 처음으로 커피와 차의 플랜테이션 농업을 시작했다. 1968년에 오스트레일리아 식민지 정부는 쿠크 습지를 카웰카Kawelkas 족에게서 99년 동안 임대해 발굴 작업을 시작했다. 쿠크 초기 농경지는 오랜 세월에 걸쳐 독자적인 농업 발전과 농업 실천의 변화를 시사하는 뚜렷한 증거가 남아 있는 몇 안 되는 곳이기에 그 가치가 크다.

2017년에 여행한 파푸아뉴기니는 무척 흥미로웠던 나라로 기억한다. 가장 마지막까지 식인 풍습이 존재했고, 바깥 세상에 단 한번도 모습을 드러내지 않았던 사람들이 최근까지 살고 있었던 곳이다. 독특한 문화를 가진 인류의 마지막 미개척지이자 최후의 오지인 파푸아뉴기니는 원시 자연을 그대로 보존하며 부족 동지 의식이 철저한 독특한 미지의 땅이다.

파푸아뉴기니는 남태평양의 파라다이스라 불린다. 부족의 고유한 전통 문화를 간직하며 시간이 더디게 흘러가는 지구의 오지다. 파푸아뉴기니는 눈부시게 아름다운 에메랄드빛 바다가 손짓하며 강과 바다, 밀림이 우거진 원시 시대로의 자연 여행을 즐길 수 있는 곳이다. 하늘과 바다가 온통 파란색으로 이어져 경계가 보이지 않는 자연 풍광 앞에 인간도 그저 작은 섬처럼 느껴진다.

아프리카에 꽃핀
예술적 아름다움을 구현한 로마 도시

리비아Libya

마음은 본래 어느 곳에도 기울어지지 않고 흔들리지 않는 고요한 호수와 같다. 아침에 일어나 잠자리에 들 때까지 크고 작은 감정들이 마음의 호수에 돌을 던지며 어지럽혀지곤 한다. 감정의 파도가 일 때마다 엎어지고 넘어지며 통제력을 잃고 이리저리 흔들린다면 끝내 자신을 괴롭히며 망치게 되는 극단으로 치닫게 된다. 마음의 호수 위에 나타나는 감정의 현상들은 사물의 본래 모습이 아닌 경우가 많다. 어느 한쪽으로도 기울어지지 않는 고요하고 평온한 마음으로 사물을 대할 때 비로소 삶의 본래 모습과 만날 수 있다.

북아프리카에 위치한 리비아는 튀니지와 알제리, 니제르와 차드, 수단과 이집트, 지중해와 각각 인접해 있다. 아프리카에서 네 번째로 큰 국가이다. 국토의 대부분이 사하라 사막으로 덮여 있어 사람들은 대부분 지중해 연

렙티스 마그나 © 의자

안에 모여 산다. 1950년대 후반 석유가 발견되기 이전까지는 천연자원이 빈약하고 사막이라는 환경 때문에 외국 원조와 수입에 의존하는 가난한 나라였지만 2008년 여행한 리비아는 원유의 발견과 함께 상황은 급변해 아프리카에서 가장 잘 사는 나라로 변모해 있었다.

리비아의 초기 역사를 살펴보면 크게 북서부에 트리폴리타니아Tripolitania, 동부에 키레나이카Cyrenaica, 남서부에 페잔Fezzan에 해당되는 3개의 지역으로 구성되어 있다. 이들 세 지역은 1911년 이탈리아 왕국에 의해 이탈리아령 북아프리카로 통합되어 단일 식민지가 되었다. 1951년 비로소 독립국가인 리비아가 되었다. 리비아에 대해서는 사하라 사막과 낙타, 한국 건설사에 의해 완공된 대수로 공사, 독재자 카다피, 테러, 여행 금지 국가 등 여러 가지 선입견이 적지 않다. 그런 선입견을 뒤로하고 그리스인, 로마인, 베르베르인들에게 침략당하는 복잡한 역사적 소용돌이를 겪어 오면서 색다른 문화가 존재한다는 사실에 눈길을 돌려 보자.

리비아의 대표적인 볼거리는 바로 로마 유적이다. 이탈리아가 리비아를 통치하던 시절 이탈리아는 수도 트리폴리Tripoli를 중심으로 세 개의 고대 로마 도시를 세웠다. 바로 트리폴리와 동쪽의 렙티스 마그나Leptis Magna, 서쪽의 사브라타Sabratha가 그들이다. 이 중 렙티스 마그나는 트리폴리 동쪽으로 해안을 따라 130km쯤 떨어진 알 쿰즈al Khums라는 도시 동쪽 해안에 자리하고 있다. 이곳은 1982년 사브라타와 함께 유네스코 세계문화유산으로 지정되었다.

렙티스 마그나는 이곳에서 출생하여 후일 로마 황제가 된 루시우스 셉티미우스 세베루스Lucius Septimius Severus 시대에 전성기를 맞아 확장되고 정비되었다. 북아프리카에 건설된 로마 제국 중 가장 규모가 크고 아름다운 유적 중 하나이다. 트리폴리스Tripolis 최대 도시로서 지중해 전역을 상대로 하는 상업항으로 발달했다. 그와 동시에 사하라를 지나 아프리카 각지의 물산을 중계하는 무역항 역할도 톡톡히 해내던 곳이다. 도시 건설의 설계와 시공은 그리스의 건축가와 조각가들이 담당했다. 그 때문에 로마 시대임에도 불구하고 대리석과 원주용 화강암 등 건축에서 그리스 예술의 색채를 그대로 보여 주고 있어서 독특한 예술적 아름다움을 구현한 도시라 할 수 있다. 아프리카와 동양 전통에 강하게 영향을 받은 건축물들로 새로운 로마 예술의 극치를 보여 준다. 웅장한 크기의 윤곽과 직각의 설계가 참신하여 종합적 미학을 이루고 있다.

세계에서 가장 장관이라 할 만한 로마 도시 중 하나인 렙티스 마그나는 1,000년이 넘는 세월 동안 모래 속에서 그 원형이 보존되어 있다가 20세기 초 지중해 연안에서 가장 아름다운 로마 도시로 우리 앞에 그 모습을 드러냈다. 렙티스 마그나에 발을 들여놓으면 거대한 셉티미우스 세베루스 개선문이 방문객을 맞이한다. 사방으로 뚫려 있는 개선문에는 수많은 조각상과 부조가 새겨져 있다. 이 중 일부는 트리폴리 박물관에 보관되어 있다. 개선문을 지나면서부터는 마치 과거로의 시간 여행을 가는 듯 로마 시대로 빨려 들어간다.

다목적 공연장 포럼, 바실리카, 세베루스 아치 구조물을 비롯해 세베루스 동상, 카르도 남북대로의 티베리우스 개선문, 트라야누스 개선문, 원형 야외 공연장, 공설시장, 세베루스 바실리카, 메두사 부조, 시장 어물전, 목욕탕, 사우나, 수세식 공중화장실, 로마 대로, 마차 경기 트랙, 트라얀 황제의 문 등 환상적인 건축물과 거대한 규모로 인해 유적에 관심이 없는 여행자라도 눈길을 돌릴 수밖에 없다.

광장은 전체가 거대한 벽으로 둘러싸여 있다. 그 안쪽으로는 화려하게 장식된 열주列柱가 자리한다. 기둥 하나하나에 사람 얼굴 모양의 부조가 있다. 북쪽으로는 세베루스의 포럼이 있고, 남쪽으로는 신전터가 남아 있다. 정리되지 않은 건물과 기둥의 잔해들이 광장에 덩그러니 놓여 있어 한편으로 쓸쓸한 생각이 든다. 사람이 만든 도시는 사람이 꿈꾸는 유토피아의 현시顯示다. 화려하고 웅장하며 거대한 최첨단 문명을 뽐내는 렙티스 마그나는 그 옛날 아름답고 우아하며 영광스럽고 풍요로운 곳으로 많은 사람들이 살았으리라. 그러나 그런 상상은 십 년간의 내전으로 관리가 제대로 이루어지지 않아 이제 한낱 돌무더기로 남아 있어 안타까움을 자아낸다.

찬란하게 쏟아지는 햇살 아래 빛과 그림자가 뚜렷이 구분되고, 물감을 풀어놓은 것처럼 푸른 지중해가 끝없이 펼쳐져 있는 로마 도시의 흔적 렙티스 마그나. 그렇게 잘 짜여진 로마 도시는 낯선 이방인에게 옛 영광을 외치는 듯하다.

황금빛 속살을 감춘 신비로운 혁명의 나라

쿠바Cuba

삶은 거대한 파도와 같다. 날마다 풍랑을 일으키며 우리를 이리저리 몰고 다닌다. 때로는 세상의 칭찬과 비난에 연연해하기도 한다. 때로는 이익을 좇아 모였다 흩어지기도 하면서 삶의 중심이 송두리째 뽑히기도 한다. 이러한 쉼없는 흐름 속에서 사람들은 저마다의 색깔로 노래하며 행복의 파랑새를 찾으려 한다. 행복의 파랑새를 찾아 먼 여행을 떠나기도 한다. 우리가 찾는 파랑새는 어디에 있는 걸까. 먼 여행길에서 돌아와 자신의 보금자리에 안겼을 때 행복은 찾는 게 아니라 발견된다는 걸 알게 되리라.

라틴 아메리카에서 유일한 혁명의 나라 쿠바는 미국 플로리다 주 남단에서 남쪽으로 145km 떨어진 카리브해에 있는 남미에서 가장 큰 섬나라다. '쿠바오Cubao'라는 과일 이름에서 나라 이름이 생겨났을 정도로 과일이 풍

아바나 © 의자

부하게 생산되는 기름진 땅을 갖고 있다. 정치·문화·경제·환경 등 여러 측면에서 쿠바만큼 많은 일을 겪은 나라가 또 있을까. 쿠바는 한마디로 자유와 독립을 향한 운명의 역사를 지녔다. 쿠바의 작가 미구엘 바르네트Miguel Barnet의 소설 『레이첼의 노래』에서 쿠바를 잘 나타낸 대목이 있다. 그는

"이 섬은 무언가 특별하다. 가장 낯설고 가장 비극적인 것들이 여기에서 일어나고 있다. 그리고 이 섬은 앞으로도 그럴 것이다. 인간처럼 대지도 자신의 운명을 지니고 있다. 쿠바의 운명은 신비에 싸인 운명이다."라고 표현했다. 그의 말처럼 쿠바는 특별한 운명을 지닌 나라다.

1492년 콜럼버스가 도착하기 전까지 쿠바에는 카리브해 지역의 타이노taino 족 인디언이 평화롭게 살고 있었다. 콜럼버스로 인해 1898년까지 쿠바는 스페인 제국에 원당을 공급하는 가장 중요한 공급처가 되었고, 나중에는 '앤틸리스의 진주Pearl of the Antilles'라는 별명까지 얻었다. 1898년 스페인이 전쟁에서 미국과 쿠바 독립군에 패한 후 쿠바는 독립을 얻었다. 하지만 인접한 미국의 강력한 정치적 영향 아래 놓이게 되었다. 혁명에 의해 진정한 독립을 얻기까지 파란만장한 운명의 시간을 보내게 된 것이다. 쿠바 혁명에는 항상 혁명가 피델 카스트로Fidel Castro와 쿠바인의 영원한 친구로 추앙받는 체 게바라Che Guevara가 등장한다. 쿠바에서는 이들의 흔적을 곳곳에서 볼 수 있다.

쿠바의 수도이자 정치 문화의 중심지 아바나La Habana는 세계적으로 매력적인 장소로 알려져 있다. 고풍스러운 유럽 건축물과 인근 해변의 아름다운 풍광들로 인해 여행객들의 발길을 사로잡는다. 아바나는 스페인 식민지 시대에 지어진 성당, 대극장, 호텔 등 유럽풍 건축물들이 현대적 건물과 조화를 이룬다. 경치 좋은 아름다운 해변에는 세계 각국의 사람들이 휴양을 즐기러 찾는다. 특히 거리가 가까운 미국인들이 휴가철이 되면 쿠바를 많이 찾는다. 세계적인 대문호 어니스트 헤밍웨이도 쿠바를 사랑한 사람 중 한 명이다.

아바나 © 김찬주

헤밍웨이는 20년 간 바다가 내려다 보이는 쿠바의 아바나 해변 말레꼰 Malecon에서 살면서 그의 대표작 『노인과 바다』를 집필했다. 거대한 청새치를 낚아 운반하다가 결국 상어들에게 빼앗기고 마는 쿠바의 늙은 어부에 대한 이야기를 생생하게 담았다. 이 소설은 헤밍웨이에게 퓰리처상과 노벨문학상을 안겨 주었다. 아바나 말레꼰에는 헤밍웨이를 기리는 흉상과 박물관, 그가 즐겨 타던 요트, 식당 등이 남아 있어 헤밍웨이의 흔적을 느껴 볼 수 있다.

아바나에는 쿠바의 역사를 가장 잘 보여 주는 두 개의 광장이 있다. 구시가지에 있는 식민광장에는 아픈 스페인의 식민 역사가 고스란히 묻어 있다. 신시가지 혁명광장은 잔혹한 쿠바의 현대사를 가장 적나라하게 보여 준다. 어느 광장을 가든 매혹적인 문화로 여행객들의 호기심을 자극한다. 쿠바의 진면목을 느끼고 싶다면 여행하기 전 쿠바의 역사를 제대로 이해하고 쿠바의 음악을 들어 보라. 이상한 일이 벌어질 때마다 지난 역사적 운명과 결부시키게 되고, 경쾌한 멜로디가 귓가를 자극하는 쿠바 음악을 듣노라면 살사, 룸바, 차차차, 콩가 춤에 절로 어깨가 들썩일 테니까.

자연 그대로의 모습을 간직한 사파타Zapata 늪지에는 멸종 위기종인 쿠바 악어가 살고, 카리브 해안에는 젊음의 열기로 가득한 매혹의 나라 쿠바는 어디를 가든 혁명의 냄새로 가득하다. 누군가는 쿠바를 '춤추는 사회주의'라 말한다. 혁명에 의해 오랜 세월 사회주의로 있으면서 이제 그 이념조차 퇴색되어 아바나 광장 주변에는 1959년 혁명 이후 미국이 남기고 간 올드카가 즐비하다. 관광객들은 오픈카를 타고 혁명광장을 한 바퀴 돌아 파도가 넘실거리는 해변으로 드라이브하는 코스를 즐긴다.

'시간이 멈춘 도시' 아바나. 그곳에서 느끼는 감정은 일종의 카오스인지도 모르겠다. 그렇지만 쿠바의 역사를 존중하고, 그 역사의 숨결을 고이 간직하라고 말해 주고 싶다. 1998년 남미 여러 나라 여행 중에서 가장 유니크한 인상을 남긴 쿠바에서의 추억은 잊을 수 없다.

아바나에서(1998년)

흑돔고래와 수영하며 라카라카를 즐기는 천국의 땅

통가Tonga

행복의 문을 열기 위해서는 열쇠가 필요하다. 그 열쇠를 돌리는 힘의 원천은 여러 가지가 있을 것이다. 행복의 중요한 요소 중 하나는 말이다. 행복의 꽃도 사람의 말에서 피어나고 말 한마디 한마디가 마음에 영향을 끼치기 때문이다. 말로 전달되는 마음의 울림은 서로에게 감응하여 파동이 되어 하나의 큰 현상 세계를 이루기도 한다. 타인에게 언제나 좋은 말, 밝은 말, 긍정의 말, 축복의 말로 기뻐해주며 잘됨을 칭찬한다면 자신에게도 메아리가 되어 선한 영향력으로 울려 퍼지리라.

통가는 오세아니아 남태평양 섬나라 중 유일하게 왕이 존재하는 왕국이다. 폴리네시아 중부 최남단에 위치한 통가는 폴리네시아를 대표하는 국가 중 하나로 170여 개 섬으로 이루어져 있다. 그 가운데 36개의 섬에 10

만여 주민이 거주한다. 통가는 '친절의 섬'이라 불릴 만큼 통가 원주민들은 친절하고 외국인에 대해 호의적이다. 북쪽의 바바우Vava'u, 중앙의 하파이Ha'apai, 남쪽의 통가타푸Tongatapu 등 3개 군도로 크게 나뉜다. 하파이 제도에 속한 카오Kao 섬, 토푸아Tofua 섬과 같은 화산섬도 있지만 대부분이 쪽빛 바다를 품은 아름다운 산호섬이다.

통가에 처음으로 사람들이 정착한 것은 기원전 1,300년대 무렵이다. 동남아시아의 뉴기니 섬 근처에 거주하던 라피타Lapita 문명인들은 카누를 타고 바다를 건너 동쪽으로 멜라네시아의 섬들을 거쳐 통가에 정착했다고 전해진다. 이 위대한 항해자들이 바로 폴리네시아 사람들이다. 폴리네시아인은 별다른 항해 도구 없이, 바다의 흐름을 읽어 카누만으로 태평양을 정복한 위대한 항해자들이다. 그런 연유에서 지어진 통가의 수도 누쿠알로파Nuku'alofa는 '노를 저어 항해하다'라는 뜻을 담고 있다.

남쪽이란 뜻을 가진 통가의 최대 섬인 통가타푸 섬에는 약 1,300년 전 쓰나미가 몰려 이곳으로 옮겨져 온 쓰나미 바위가 있다. 높이 9m, 무게 1,600톤으로 추정되는 이 거대한 바위는 세계에서 가장 큰 쓰나미 잔해로 남아 있다. 집채만 한 바위가 하나의 산을 이룬 모습은 인간을 압도하며 우뚝 서 있다. 쓰나미 바위를 보고 있노라면 얼마나 큰 쓰나미의 힘이 존재했는지 짐작할 수 있다.

통가는 '불의 고리'라 불리는 활화산이 있어 지진과 사이클론이 자주 일어난다. 2022년 통가의 훙가통가Hunga Tonga 섬 주변에 위치한 해저 화산에서 대규모 화산 폭발로 쓰나미가 발생해 태평양 주변 국가 전체에 큰 재앙

쓰나미 바위 © 의자

을 안기는 사상 초유의 사태가 일어나기도 했다.

통가 사람들은 춤과 노래를 즐긴다. 라카라카Lakalaka라는 통가 국민 춤은 2008년 세계무형문화재로 등재되었다. 라카라카는 춤이 중심을 이루지만 이야기와 성악, 기악이 곁들여진 종합 예술이다. '라카라카'는 통가어로 '힘차게 또는 조심스럽게 걷다'라는 뜻으로, 미라우폴라me' elaufola로 알려진 춤에서 유래했다. 라카라카 공연은 수백 명이나 되는 많은 사람들이 참여해 약 30분간 계속된다. 남성은 오른쪽, 여성은 왼쪽에 줄지어 서 남성의 춤사위는 빠르고 힘차며, 여성의 춤사위는 고상한 손동작과 어우러진 우아한 스텝으로 이루어진다. 남녀 모두 움직이면서 동시에 박수를 치면서 노래한다. 종종 합창단이 음성으로 반주를 넣어 수백 명의 춤꾼들이 조화롭게 추는 춤과 폴리포니 가창이 어우러져 펼쳐지는 모습은 그야말로 최상의 조화로움이다.

통가에는 통가타푸 섬 북쪽에 위치한 하이몽가아 마우이Ha'amonga 'a Maui에 칠레의 모아이 석상과 함께 세계 불가사의 중 하나로 불리는 트릴리톤Trilithon 거석巨石이 있다. '마우이의 무거운 짐'이라고도 불리는 이 거대한 돌은 가로, 세로 5.8m, 두께는 1.4m, 기둥 돌은 30톤, 두 기둥이 지지하고 있는 돌의 무게는 무려 40톤에 달한다. 이 트릴리톤은 통가 최초의 정착민이라고 추측되는 라피타Latita 족이 1200년경 통가의 옛 수도인 무아Mu'a의 왕이었던 투이타투이Tu'itatui 왕이 두 아들의 우애와 평화를 기원하기 위해 세웠다고 전해진다. 전설에 따르면 마우이가 돌을 얻어 거대한 카누에 실어 왔다고 하는데 이 거대한 돌을 어떻게 옮겼고 들어 올렸을지는 여전히 미스터리로 남아 있다.

2017년 남태평양 통가를 여행하면서 보낸 시간은 휴식과 충전의 기회가 되었다. 통가에서는 흑돔고래와 수영을 해 보는 이색적인 체험을 할 수 있다. 6월과 11월 사이에 통가 바바우Vava'u 섬에는 가장 많은 흑돔고래가 모여 든다. 이때를 이용해 흑돔고래와 교감하는 시간을 즐길 수 있다. 다양한 해저 레저를 즐길 수 있는 통가는 다이버들 사이엔 '인생에서 가장 마지막에 여는 문'이라고 하여 소중하게 아껴 두었다가 마지막에 경험하고 싶은 신비로운 장소이기도 하다.

세계에서 가장 먼저 해가 뜨는 나라, 흑돔고래와 수영을 할 수 있는 나라, 남녀 모두 타오발라라는 전통치마를 입는 나라, 수백 마리의 비행여우가 살고 있는 나라, 수백 개의 블로우 홀Blow holes이 물을 뿜으며 장관을 이루는 나라가 바로 통가이다. 때묻지 않은 자연과 고유한 전통 문화를 즐길 수 있는 통가 여행은 분명 매력적이다. 통가는 전통과 현대가 공존하고 있어 더욱 흥미로운 국가임에 틀림없다. 한 가지 안타까운 것은 이 아름다운 천국의 땅이 지구 온난화와 해수면 상승으로 언젠가 사라진다는 사실이다. 그 뉴스만은 믿고 싶지 않다.

가을

석양에 빛나는 장밋빛 가을 풍경

페루Peru
보스니아헤르체고비나Bosne i Hercegovine
오스트레일리아Australia
과테말라Guatemala
체코Czech
남아프리카공화국South Africa
멕시코Mexico
튀르키예Türkiye
불가리아Bulgaria
요르단Jordan
크로아티아Croatia
미국United States of America
아르메니아Armenia

하늘과 맞닿은 망각의 도시

페루Peru

모든 것이 너무 풍족하게 넘쳐나는 시대에 살고 있다. 물질을 쫓으려는 욕망이 자기도 모르게 고개를 쳐들고 올라온다. 소유의 욕망은 우리네 삶을 무겁고 복잡하게 할 뿐이다. 때로는 정신마저 흐리멍덩하게 한다. 그런데도 가지려는 욕망은 끝이 없다. 버리고 또 버리는 연습이 필요한 시대다. 여행에서 얻는 이익 가운데 가치 있는 한가지는 복잡한 삶을 단순하게 전환시켜 새털처럼 가벼운 마음을 경험해 보는 일이다. 욕망을 버리고 사물을 그저 관조觀照할 수만 있다면 그 무엇을 더 바랄 것인가.

남아메리카 페루 여행은 1998년 이루어졌다. 남미 여행은 누구나 동경해 보지만 훌쩍 쉽게 떠날 수 있는 곳은 아니다. 물리적 거리도 만만치 않고 치안도 그리 좋은 편이 아니다. 그렇지만 많은 사람들이 남아메리카 여행을 꿈꾸며 버킷리스트에 담는 이유는 무얼까. 다양한 얼굴로 여행객을 맞이하는 남아메리카의 여러 나라를 여행하다 보면 가는 곳마다 팔색조 매력에 푹 빠져 있는 자신을 발견하곤 한다. 말 그대로 딴 세상이 파노라마처럼 펼쳐지기 때문이다. 해외 여행이 그리 활발하지 않았던 시기에 잉카 문명의 발상지 남미 페루에 첫발을 내딛는 순간, 마법에 걸린 듯 신비감에 빠져 들었다.

남아메리카 대륙에서 세 번째로 큰 국가인 페루는 두 얼굴을 가진 나라다. 현재의 수도인 리마Lima를 비롯해 옛 잉카 제국의 수도였던 쿠스코Cusco까지 과거와 현대가 공존한다. 도시에는 유럽풍의 건물들과 고대 역사를 간직한 잉카 제국의 흔적들, 친절한 사람들의 모습을 쉽게 접할 수 있다. 옛 역사를 잘 간직하면서도 깔끔하게 정비된 도로들이 조화를 이뤄 현대적인 대도시의 면모를 여지없이 보여 준다. 반면, 도시를 조금만 벗어나면 안개로 둘러싸인 신비로운 분위기의 마추픽추Machu Picchu와 성스러운 계곡, 나스카 라인Nazca lines과 티티카카Titicaca 호수, 건조한 모래 사막과 오아시스 등 원초적인 자연 경관을 체험할 수 있다. 불가사의한 역사의 비밀을 간직하며 현대를 살아가는 이런 양면성이 페루만이 가지고 있는 매력이 아닐까.

페루는 북서쪽으로 에콰도르, 북동쪽으로 콜롬비아, 동쪽으로는 브라질, 동남쪽으로는 볼리비아, 남쪽으로는 칠레, 서쪽으로는 태평양에 인접해 있다. 페루에는 적어도 BC 8,000년경부터 사람이 거주하기 시작했다고 전해진다. 페루는 현재 인구의 절반을 차지하는 인종이 케추아Quechua 인디언일 정도로 예전부터 태양을 숭배하던 인디언들이 살았던 나라다.

16세기 초, 평화롭게 살던 인디언들의 땅을 호시탐탐 노리는 정복자가 있었으니 바로 유럽 강대국들이다. 그들은 미지의 땅 남아메리카를 침입하기 시작했다. 페루는 총칼로 무장한 채 침략해 온 스페인 군대에게 나무로 만든 무기로 맞섰으니 패배는 당연한 일이었다. 그때 그들의 역사와 문화는 대부분 파괴되는 비극을 겪었다. 하지만 스페인 군대가 미처 그 존재를 알아채지 못했던 은밀한 공중 도시가 있었으니 바로 마추픽추다. 서구의 무력 침략에 정복당하지 않고 잉카 문명의 흔적이 가장 완벽하게 살아 남은 마추픽추는 불가사의한 유적지다. 오늘날까지 오롯이 제 모습을 간직하고 있는 마추픽추는 인간의 힘으로는 도저히 이룰 수 없을 것 같은 광경을 우리 앞에 보여 준다.

마추픽추는 세계 7대 불가사의 중 하나로 꼽힌다. 15세기 남미를 지배했던 잉카 제국의 파차쿠티Pachakuti 황제가 건립한 것으로 추정한다. 잉카 제국의 수도 쿠스코에서 약 80km 떨어진 해발 2,400m의 고지에 위치한 '잃어버린 도시' 마추픽추 유적은 500여 년 동안 밀림 속에 묻혀 있어 아무도 그 존재를 알지 못했다. 1911년 미국의 고고학자 하이럼 빙엄Hiram Bingham에 의해 발견되어 세상에 알려졌다. 험준한 계곡과 가파른 절벽에 기대어 정교한 솜씨로 산꼭대기에 빚어 놓은 마추픽추는 1983년 세계문화유산에 등재되었다. 눈앞에서 보고도 믿기지 않고 말을 잃게 만들 정도로 완벽한 고대 요새 도시이자 옛 문명 도시다. 마추픽추는 안데스 산맥에 계획적으로 건립된 도시로 잉카인들의 은거지였기에 오랜 세월 동안 세속과 격리되어 유유자적함을 간직할 수 있었다. 얼마나 다행한 일인가.

마추픽추는 도시 절반 가량이 경사면에 세워져 있어 '늙은 봉우리'란 뜻

마추픽추 © 의자

마추픽추 © 김찬주

을 가지고 있다. 삼면이 강으로 둘러싸여 있으며 한쪽 면은 높은 산이 있어서 지형이 매우 험준하다. 마추픽추에 다다르려면 꼬불꼬불한 산을 돌아돌아 산 정상까지 걸어서 올라가야 한다. 유적 주위는 화강암 성벽으로 견고하게 둘러싼 완전한 요새 모양을 갖추고 있다. 농사를 지을 수 있는 계단식 밭이 경사면을 따라 한 폭의 그림처럼 펼쳐져 있어 경이로운 풍경을 자아낸다. 아무도 접근하지 못할 험준한 곳에 그들만의 공동체를 이루고 있었기 때문에 정복자들의 침략과 파괴에서 벗어나 완전하게 보존될 수 있었다.

고대 잉카인들의 삶과 지혜를 고스란히 느낄 수 있는 곳 마추픽추. 인간이 만들어 낸 지상 최대의 불가사의한 건축물 마추픽추의 경이로운 유적을 보고 있노라면 풀리지 않는 수수께끼에 휩싸이게 된다. 수십 톤이 넘는 돌들을 어디서 어떻게 옮겨와 정교한 솜씨로 쌓아 올렸는지 산꼭대기에서 그 많은 사람들이 무얼 먹고 살았는지 의문은 꼬리를 문다. 새삼 인간의 위대함에 절로 경탄이 쏟아진다.

마추픽추에서(1998년)

비극을 넘어 아름다움으로 승화한 발칸 최고의 걸작품

보스니아헤르체고비나 Bosne i Hercegovine

분주하게 여기저기를 돌아다닌다고 해서 자연의 아름다움을 만끽하는 것은 아니다. 수많은 책을 읽었다고 해서 세상의 이치를 많이 깨닫는 것도 아니다. 눈으로는 많은 것을 보고 있지만 마음의 눈이 열리지 않으면 진정한 아름다움을 느낄 수 없다. 진실을 보는 눈이 있다면 작은 모래 한 알에서도 온 세상을 볼 수 있다. 어떤 상황에 부딪히거나 결정을 해야 할 일이 생길 때 진실을 보는 눈을 가진다면 그릇된 길로 가지 않고 바른 판단을 내릴 수 있다. 여행은 마음의 눈을 크게 뜰 수 있게 해 주는 좋은 길라잡이다.

유럽의 동남부와 발칸반도의 서부에 위치한 보스니아헤르체고비나는 보스니아와 헤르체고비나 두 지방이 연방한 국가다. 인근 유럽 국가 중에서 비교적 작은 나라에 속한다. 연방 내에서도 보스니아 지역은 보슈냐크인이,

헤르체고비나 지역은 크로아티아인이 주로 모여 산다. 보스니아와 헤르체고비나의 합병은 엄청난 비극을 낳았다. 서로 다른 민족이 정치적 이해관계로 뭉쳐져 결국 전쟁의 상흔이 크게 남아 있다. 1914년 6월 28일에 오스트리아의 황태자 페르디난드Ferdinand 부처가 보스니아의 수도 사라예보에서 세르비아의 한 청년에게 암살된 '사라예보Sarajevo 사건'이 발생했다. 그것은 제 1차 세계대전의 도화선이 되었다.

보스니아헤르체고비나는 1918년 유고슬라비아에 속했다가 보스니아 내전을 겪으면서 1992년에 독립했다. 독립은 또 다른 비극의 출발선이 되었다. 보스니아 내전은 현대사 전쟁 중 가장 잔인했던 학살을 자행한 민족 분열 전쟁이다. 정교회를 믿는 세르비아계, 가톨릭교를 믿는 크로아티아계, 이슬람교를 믿는 보스니아계 등 다양한 민족들이 모여 합병하고 독립하는 과정에서 민족 차별이 이루어졌다. 인종 청소라는 무차별 공격을 자행한 피의 전쟁이 바로 보스니아 내전이다. 서로 다른 종교와 민족을 가진 나라에서 어제의 이웃이 오늘의 적으로 변하는 비극을 잉태한 것이다. 오직 자신의 민족만이 우월하다는 인식이 얼마나 끔찍한 전쟁으로 이어지는가를 잘 보여 준다. 단일 민족 국가에 사는 것이 얼마나 다행한 일인가.

2003년 전쟁의 아픔을 간직한 보스니아헤르체고비나 여행은 동유럽의 역사와 문화를 맛볼 수 있는 기회였다. 보스니아헤르체고비나에는 동유럽에 핀 '이슬람의 꽃'이라 불리는 유럽에서 가장 아름다운 도시로 선정된 모스타르Mostar가 있다. 그곳에는 보스니아헤르체고비나를 대표하는 랜드마크로 자리잡고 있는 스타리 모스트Stari Most라는 다리로 더욱 유명하다. 도시 이름이 다리를 지키는 사람을 뜻하는 모스타리Mostari에서 유래했을 정도로 스타리 모스트는 모스타르를 상징하는 건축물이다. 스타리 모스트는 다양한 문화, 민족, 종교 등이 혼재된 구시가 '옛 다리 지역'이라는 타이틀로 2005년에 유네스코 세계문화유산으로 지정되었다. 하늘에서 촬영한 스타리 모스트 인근 사진을 보면 동서양의 독특한 건축 문화가 한눈에 들어온다. 15세기 중반 도시가 창건될 당시의 고색창연함을 그대로 유지하고 있어 한 장의 멋진 엽서처럼 아름다운 풍광으로 여행객들의 발길을 사로잡는다.

1557년 오스만투르크 시절 아치형으로 만들어진 스타리 모스트는 튀르키예 이스탄불의 유명한 건축가 신난Sinan에 의해 폭 4m, 길이 30m, 높이 27m로 건축했다. 발칸에 남겨 놓은 최고의 걸작품으로 칭송 받지만 아름답고도 슬픈 역사를 간직하고 있다. 아드리아해로 흐르는 네레트바Neretva 강을 가로지르며 다리를 사이에 두고 한쪽은 이슬람교를 믿는 보스니아인들이 살고, 다른 한쪽은 가톨릭교를 믿는 크로아티아인들이 400여 년을 서로 평화롭게 살았다. 광기 어린 권력자에 의해 보스니아 내전이 일어나면서 가톨릭 교인들이 다리를 폭파하고 이슬람 교인들을 공격하기 시작한 것이다. 내전이 끝나고 2004년 세계 각국의 도움으로 폭파된 강에서 무수한 총탄 흔적들이 있는 조각들을 건져내 옛 모습을 그대로 복원해 지금도 옛 역사를 잘 말해 준다. 종교의 목표는 사랑과 배려, 존중과 포용일텐데 종교가 정치 권력을 만나 본질을 망각한 채 때때로 엄청난 비극을 일으키는 무기로 돌변한다는 사실을 역사는 잘 보여 준다. 슬픈 일이 아닐 수 없다.

스타리 모스트로 가는 길목에는 기념품 가게들이 즐비하다. 얼마나 많은

스타리 모스트 © 의자

사람들이 지나다녔는지 대리석 바닥이 미끌어질 듯 반질거린다. 아름다운 비취색 강물은 평화롭게 흐르고 강 건너 수많은 희생자가 발생한 이슬람교인 거주 지역에는 이슬람 사원인 모스크가 여기저기 세워져 있다. '작은 튀르키예'라 불릴 만큼 튀르키예풍 가게들과 전형적인 튀르키예식 모습이 한눈에 들어온다. 오스만 투르크 족의 가옥 형태, 지중해풍의 집, 서유럽의 다양한 양식의 건축물이 도시 곳곳에 남아 있다. 구시가지 중심에는 튀르키예의 국기가 휘날리고, 여성들은 머리에 히잡을 쓰고 있다. 건물에 새겨진 '알라만이 유일한 신이다'라는 코란의 글귀가 작은 튀르키예의 이미지를 그대로 보여 준다. 다리도 높고 강은 다이빙을 할 수 있을 정도로 깊어 전문 다이버들이 팁을 받고 다이빙을 펼쳐 보이기도 한다. 네레트바 강을 끼고 반대편에는 로마 시대 때 지어진 성과 성당 등 가톨릭 유적지가 많이 남아 있다.

강을 따라 50m도 채 되지 않는 짧은 거리지만 서로 다른 종교와 문화가 공존하는 스타리 모스트. 가톨릭의 크로아티아인과 이슬람의 보스니아인이 다리를 통해 서로의 문화를 공유하고 때로는 갈등과 전쟁으로 서로에게 상처를 주면서 상대를 인정하기까지 얼마나 긴 세월 동안 큰 아픔을 겪었을까. 서로 대화하며 존중하고 화합하는 일이 얼마나 중요한지 새삼 깨닫는다.

상상이 빚어낸 완벽한 곡선의 미학

오스트레일리아Australia

세상의 온갖 시선을 뒤로한 채 자신의 일에 무아지경이 될 때까지 미쳐 본 사람은 분명 성공한 삶을 즐기는 사람이다. 역사적으로 위대한 예술가들은 자신이 처한 환경이나 타인의 비판에도 아랑곳하지 않고 아름답게 미친 삶을 영위한 사람들이다. 미친 듯이 자신의 일에 최선을 다하는 사람에게 후회란 정말 사치스러운 말이다. 미쳤다는 말을 들으면서 자신의 일을 성공적으로 이루려면 어떻게 해야 할까. 지금 하고 있는 일에 더 열정적인 자세로 꾸준한 인내심으로 몰입하면 우리가 상상하지 못할 미래의 문이 반드시 열리리라.

1990년 처음으로 호주로 배낭여행을 떠났을 때가 생생하다. 워킹 홀리데이로 노동과 여행을 동시에 하면서 다양한 체험을 할 수 있었던 시간이었다. 오스트레일리아는 흔히 호주라고 부른다. 남북으로 3,180km, 동서로

4,000km의 길이를 자랑하는 오스트레일리아 대륙과 인근 태즈메니아 섬 등을 주요 영역으로 하고 있다. 태평양과 인도양 사이에 있으면서 대륙의 절반 이상은 서부 고원 지대이다. 오세아니아 대륙에서 뉴질랜드와 더불어 이 지역 경제를 이끌고 있는 국가 중 하나이다. 전 세계에서 유일하게 대륙을 통째로 차지하고 있는 나라이기도 하다. 면적에 비해 인구는 적은 편이다. 대륙과 섬을 구분할 때 당시 유럽인들이 이 땅의 존재를 몰라 "그린란드보다 크면 대륙으로 하자"고 했는데 오스트레일리아 대륙은 이 조항을 정한 이후에 존재가 알려져 그린란드보다 면적이 커서 결국 대륙이 되었다.

영국인을 중심으로 유럽 이민자들에 의해 개발된 오스트레일리아는 풍부한 자원의 혜택으로 국민들의 생활 수준이 높다. 쾌활하고 적극적인 국민성으로 운동 경기나 연극, 음악회 등을 열 수 있는 문화 공간이 전국에 세워져 있다. 특히 시드니에 있는 오페라 하우스는 세계에서 가장 아름다운 문화 예술 건축물 중 하나로 꼽혀 2007년 유네스코 세계문화유산으로 등재되었다. 바람이 가득찬 돛대 모양을 형상화한 오페라 하우스는 독창적인 아이디어로 세계인의 주목을 받고 있다. 착공한 지 14년 만에 완공된 오페라 하우스는 1973년 개관한 이래, 세계에서 공연이 가장 많이 열리는 예술 센터로 자리 잡았다. 또한 국가의 주요 행사가 진행되는 곳으로 오스트레일리아 사람들에게 자부심을 갖게 하는 매우 중요한 문화적 공간이기도 하다.

시드니 오페라 하우스가 건립되기까지 여러 가지 에피소드가 많다. 그 탄생 과정이 한 편의 드라마처럼 감동적이고 우여곡절 끝에 완성되어 더욱 소중하게 느껴진다. 건물 자체로 하나의 위대한 예술 작품이자 현대 건축

시드니 오페라 하우스 © 김찬주

물의 백미로 꼽힌다. 1955년 오스트레일리아는 시드니를 상징할 건축물을 건설하겠다고 발표했다. 오페라 하우스 건축을 위해 세계적인 공모전을 열었는데 전 세계 32개국에서 232점의 작품이 응모됐다. 1957년 당시 무명이었던 덴마크 건축가 욤 우촌Jom Utzon의 설계가 최종 당선되었다. 사실 그의 스케치는 1차 심사도 통과하지 못하고 버려졌는데 심사위원인 핀란드 출신의 세계적인 건축가 에로 사리넨Eero Saarinen은 제대로 된 작품이 없자 낙선된 작품들을 다시 검토하는 과정에서 쓰레기통에 버려진 욤 우촌의 작품이 빛을 보게 된 것이다.

욤 우촌의 작품은 하늘과 땅, 바다 어디에서 보아도 완벽한 곡선을 그린다는 평을 받았다. 그가 얻은 이 아이디어는 부인이 잘라준 오렌지 조각에서 시작됐다고 한다. 욤 우촌의 스케치는 건축물로 현실화하는 과정에서 심각한 건축상의 문제점이 제기됐다. 복잡한 오렌지 껍질 모양의 지붕 구조를 구현할 구조 방식과 토대의 과중함이 문제였다. 그러나 욤 우촌의 동향同鄕인 오베 아루프Ove Arup가 조개 껍질에서 착안해 지붕 구조를 조립식으로 변형함으로써 누구도 완성할 수 없을 것 같았던 문제를 해결했다.

건설 기간과 공사비도 시빗거리였다. 원래 2년으로 예정되었던 건설 기간이 14년으로 연장되었고, 건축 비용은 원래 350만 달러였지만 최종적으로 5,700만 달러가 소요되는 대공사였다. 막대한 건축비 지출로 자금 조달이 어려워 오스트레일리아 정부에서는 복권을 발행하기도 했다. 1964년 정부가 바뀐 후 새 정부는 욤 우촌에게 실내 공사비를 줄일 수 있는 타협안을 제시했다. 욤 우촌이 한마디로 이를 거부하자 오스트레일리아 정부는 극약 처방을 내렸다. 욤 우촌을 건축에서 제외시키고 세 명의 젊은 오스트레일리아 건축가에게 작업을 맡겼다. 욤 우촌은 시드니를 떠나면서 다시는 자신이 설계한 오페라 하우스로 돌아오지 않겠다고 맹세했다. 안타깝게도 그는 자신이 설계한 오페라 하우스의 실제 모습은 한 번도 보지 못하고 2008년 세상을 떠나고 말았다.

세계적인 문화 예술 공간으로 자리 잡으면서 유명 명소가 된 시드니 오페라 하우스. 위대한 건축물의 시작이 한 사람의 작은 생각에서 비롯됐다는 사실이 새삼 놀랍다. 인간만이 상상을 초월한 꿈을 꿀 수 있고, 그 상상을 실현시킬 능력이 있는 게 아닐까. 한 예술가의 간절한 소망이 만든 시드니 오페라 하우스 공연장에서 한 편의 오페라를 감상한다면 평생 잊지 못할 추억이 될 것이다.

반도 끝 베넬롱Bennelong 포인트에 세워진 오스트레일리아 시드니 오페라 하우스. 완벽한 인공미가 조화를 이룬 오페라 하우스는 음악에 맞추어 바다가 일렁인다. 뭉게구름이 춤추는 푸른 하늘빛이 순례객을 더욱 설레게 하며 아름다운 예술 속으로 빠져들게 한다.

신과의 교감을 꿈꾸는 마야 문명의 거대 왕국

과테말라Guatemala

날마다 새로운 날이 되기 위해서는 어느 곳에도 마음이 얽매이지 않아야 한다. 이미 지나간 과거를 붙잡고 있거나 어제의 일들을 완전 연소하지 못하고 남겨 둔다면 날마다 새로운 날이 되기는 어렵다. 새로움으로 가득찬 여행지에서 맞이하는 순간순간은 어제의 낡은 기억들을 활활 태워 버리기에 좋은 기회가 된다. 매 순간 생생하게 온몸으로 느끼는 세상 풍경들은 자신의 삶을 날마다 새롭게 꽃피우게 하는 기회가 된다. 그래서 사람들은 여행을 동경하고 미지를 향해 길을 떠나는가 보다.

중남미 대륙은 마야 문명과 잉카 문명의 발상지다. 페루 마추픽추에서 잉카 문명을 감상했다면 마야 문명이 고스란히 남아 있는 과테말라 티칼Tikal 국립 공원으로 걸음을 옮겨 보자. 1998년에 여행한 남미 여러 나라 중 과

티칼 국립 공원 © 의자

테말라 티칼 국립 공원에 있는 유적들은 그야말로 마야인의 흔적이 물씬 풍기는 곳이었다.

과테말라 북부 페텐Peten 분지 열대 우림 지대에 있는 티칼 국립 공원은 마야 문명의 최대 유적지다. 중심부는 약 16㎢에 이른다. 주변 60㎢에 걸쳐 행해진 조사에서 주거지에 사용된 수많은 구조물들이 엄청난 규모로 발견되어 세상을 놀라게 했다. 최전성기인 700년 경에는 핵심부에 1만여 명,

외곽 지대에 5만여 명이 살았을 것이라고 추정한다. 3,000여 개의 석조 건축물이 남아 있는 티칼 국립 공원은 마야 문명의 도시들 중 가장 거대한 규모를 자랑한다. 기원전 2,000년부터 17세기까지 약 3,800년에 걸쳐 번영을 누렸던 마야 문명의 중심지가 잘 보존된 티칼 국립 공원은 1979년에 유네스코 세계문화유산으로 등재되었다.

마야 문명은 돌의 문명이라 할 정도로 마야인들은 돌을 다루는 솜씨가 빼어나다. 마야 문명의 또 다른 특징은 정교한 문자 체계를 갖고 있었다는 점이다. 농업에 활용하기 위해 복잡한 달력을 개발했고 거대한 건축물을 남겼다. 수학이 발달했고 천문학적 지식을 가진 진화된 문명을 소유하고 있었다. 마야인들은 상형 문자로 역사적 사건을 기록하고 종교 문서를 만들었다. 시간을 추적하고 천문 현상을 예측하여 농사를 지었다. 그들은 피라미드와 메트로폴리스를 기획한 건축 구조물을 지었다. 건축적 업적, 수학과 천문학적 지식, 정교한 문자 체계는 수세기 동안 사람들을 매료시켰다. 티칼에서 만난 마야 문명의 흔적은 마야인들의 예술 세계와 정신 세계를 엿볼 수 있어 참으로 경이롭다.

북쪽과 서쪽은 멕시코, 동쪽은 벨리즈와 온두라스, 엘살바도르, 남쪽은 긴 해안선이 태평양과 접해 있는 과테말라는 마야 문명을 품고 있는 대표적인 나라다. 티칼은 마야 문명의 전성기를 누리며 마야 지방 전체를 통치했던 가장 거대하고 강력한 왕국이었다. 이곳에서 발굴된 왕의 무덤과 거대한 피라미드 신전, 마야족의 돌기둥, 농경의 흔적들은 그 옛날 이곳이 얼마나 번성했던 왕국이었는지를 잘 증명해 준다. 마야 왕국은 번영과 쇠퇴를 거치면서 10세기 말에는 점진적인 인구 감소와 함께 연이은 전염병, 흉

티칼 국립 공원 신전 © 김찬주

작으로 인해 서서히 몰락하기 시작했다. 1523년에는 스페인의 정복자 페드로 데 알바라도Pedro de Alvarado가 마야족의 후손을 정복하면서 완전히 버려진 도시로 전락하고 말았다. 그렇게 오랜 세월 거대 왕국은 밀림에 묻혀 버려 맥이 끊어졌다.

티칼 국립 공원을 방문하면 열대 우림의 울창한 숲속에 우뚝 솟은 피라미드 신전이 제일 먼저 눈길을 사로잡는다. 마야인들은 왜 이 거대한 피라미드를 만들었을까. 그들은 태양신을 숭배하며 하늘 높이 쌓아 올린 제단에서 신성한 종교의식을 거행하기 위해 피라미드를 만들었다. 마야인에게 있어 신은 곧 삶의 전부이다. 신과의 친밀감을 드러내기 위한 마야인들의 노력은 상식적으로 가늠하기 힘들다. 티칼에 세워진 피라미드는 죽은 자의 무덤인 이집트 피라미드와는 다르다. 이곳에 세워진 피라미드는 뾰족한 탑 모양이 아니라 계단형 성탑聖塔인 지구라트Ziggurat 형태의 건축물을 만들어 맨 꼭대기에는 신전을 두었다. 하늘과 가장 가까운 곳에서 신성한 의식을 거행하며 안녕과 번영을 기원했으리라.

티칼 국립 공원에는 6개의 규모가 큰 피라미드가 발굴되었다. 제 1호 신전은 입구에 재규어 조각이 발견되어 '재규어 신전'이라고 부른다. 화려한 장식과 좌우 대칭이 균형 잡혀 있어 아름다운 건축미를 뽐낸다. 가장 높은 제 4호 신전은 높이 70m가 넘는 거대한 피라미드이다. 마야인들의 종교의식이 얼마나 신과 가까이하고 싶어했는지 짐작할 수 있다. 정상에 오르면 광활한 열대림이 사방으로 펼쳐져 있고, 밀림 속 문명의 흔적들은 마치 바다 위에 떠 있는 섬처럼 흩어져 있다. 1,500여 년 전 마야인들이 밀림 한가운데에 이토록 뛰어난 기술력으로 계획적이고 정밀한 기념비적인 건축물을 만들었다는 사실이 그저 놀랍기만 하다.

고대 역사의 한 획을 그은 미스테리한 마야 문명의 전통을 고스란히 느낄 수 있는 티칼 유적. 오랜 세월에 걸친 발굴 작업에도 불구하고 아직도 현재 진행 중이다. 30% 정도 발굴된 것이라고 하니 아직도 수천 개에 달하는 유적들이 숨죽인 채 밀림 속에 묻혀 신과의 교감을 꿈꾸고 있는 것일까. 그것들이 깨어나면 얼마나 큰 규모의 왕국이 제 모습을 드러낼지 궁금하다. 밀림에 흩어져 있는 티칼 유적들은 그 옛날 부귀 영화를 다 내려놓고 무정설법無情說法을 하는 듯하다. 신비와 경탄을 자아내게 하는 마야 문명을 경험한 여행은 오래도록 뇌리에 새겨져 있다.

티칼 유적지에서(1998년)

석양에 빛나는
세계에서 가장 아름다운 돌다리

체코Czech

삶과 죽음은 따로 있지 않고 무수한 고리로 이어져 있다. 삶과 죽음이 서로 연결되어 있음을 깨달을 때 죽음은 두려워하기보다 매 순간의 삶을 더 충실히 살아가게 해 주는 원동력이 될 수 있다. 죽음에 대한 공포는 자연스러운 본능이다. 이것은 곧 삶을 소중히 여기며 살라는 방증이 아닐까. 아무 것도 시작하지 않으면 아무 문제도 생기지 않는 것처럼 태어나지 않으면 죽음도 없다. 죽음에 대해서 두렵다는 생각이 들 때마다 삶의 소중함을 일깨울 수 있다면 가장 값진 시간을 보낼 수 있으리라.

체코는 유럽 중부에 있는 내륙국으로 수도는 프라하Prague다. 동쪽으로 슬로바키아, 남쪽으로 오스트리아, 남서쪽과 북서쪽으로 독일, 북쪽으로 폴란드와 접해 있다. 남동쪽으로 흑해, 북쪽으로 북해와 발트해를 나누는 유

프라하 까를교 © 김찬주

럽의 경계선에 위치해 있다. 1918년 슬로바키아와 연방을 이루기 전까지 체코의 역사는 보헤미아 역사와 궤를 같이 한다. 보헤미아 역사는 5~6세기경 슬라브계 체코인들이 보헤미아의 비옥한 지역을 장악하여 12세기까지 오스트리아 일부 지방에서부터 아드리아해까지 지배권을 넓혔다. 13세기 후반 쇠퇴하였으나 14세기 유럽 전체의 지식과 예술 활동의 중심지가 되었다. 체코는 보헤미아의 역사를 거쳐 1919년부터 동유럽 공산주의의 체코슬로바키아 공화국이 되었다가 1992년 체코와 슬로바키아로 분할되면서 독립했다.

체코는 전통적으로 예술이 매우 발달한 나라다. 체코인들은 예로부터 음악에 뛰어난 재질을 보여 왔고 이들이 창작한 오페라·교향곡·합창곡 등은 여전히 인기가 많다. 체코인 가운데 베드르지흐 스메타나Bedřich Smetana, 안토닌 드보르자크Antonín Dvořák, 레오슈 야나체크Leoš Janáček, 보후슬라프 마르티누Bohuslav Martinů는 세계적으로 명성이 높은 작곡가들이다.

체코의 수도 프라하는 역사적인 도시로 아름다운 자연 경관과 독특한 문화가 어우러져 있는 명소로 가득하다. 1987년 체코 여행길에서 느낀 감정은 느림의 미학이었다. 프라하에 있는 프라하 성Pražský Hrad은 가장 크고 위엄 있는 고성古城으로 9세기에 건립되어 국왕의 거처로 사용되었다. 성 내부에는 성당, 궁전, 정원 등 다양한 건축물들이 있어 볼거리가 풍부하다. 전망대로 올라가면 프라하 시내를 한눈에 감상할 수 있어 많은 여행객들이 찾는다. 프라하 중심부에는 역사적인 올드타운 광장이 있다. 이름다운 건축물들과 분수, 동상이 있고 시계탑은 매시 정각마다 인형극이 열려 관광객의 눈길을 사로잡는다.

프라하의 또 다른 대표 명소는 유럽에서 가장 아름다운 다리라고 인정받는 카를교Charles Bridge이다. 카를교는 프라하의 유일한 보행자 전용 다리이자 체코에서 가장 처음 만들어진 석조 다리이다. 구시가지와 말라스트라나Malastrana를 이어주는 카를교는 1357년 카를Karl 4세가 프라하 성 내부에 있는 성 비트 대성당St. Vitus Cathedral을 건축했던 건축가에게 건축을 맡겼다. 1407년에 완공한 카를교는 거대한 교각으로 다리를 받치고 달걀 노른자를 섞어서 돌과 돌 사이를 접착시키는 공법으로 매우 강하고 튼튼하게 만들었다. 다리의 전체 길이는 약 520m, 폭은 약 10m이다. 다리에는 30

프라하 까를교 © 의자

개의 성상들이 좌우 난간에 각각 마주보며 서 있다. 다리 양끝으로는 체코 왕의 승리를 상징하는 고딕 양식의 아치형으로 만든 요새화된 교탑이 각각 서 있어 다리의 위엄을 더한다.

카를교 위에는 다양한 사람들이 모여 든다. 초상화와 캐리커처를 그리는 화가들의 작품 전시와 퍼포먼스, 아기자기한 기념품을 파는 노점상, 발길을 멈추게 하는 거리의 악사들이 다양한 볼거리를 제공하며 여행객들을 더욱 즐겁게 한다. 다리를 지키는 수호 성인으로 알려져 있는 체코에서 가장 존경받는 가톨릭 성인 얀 네포무츠키Sv. Jan Nepomucký는 카를교 위의 성상들 가운데 가장 오래되었다. 유일하게 청동으로 만들어진 얀 네포무츠키 성상 앞에는 소원을 빌면 이루어진다는 전설 때문에 성상 부조에 손을 얹고 소원을 비는 관광객들로 붐빈다. 재미있는 사실은 소원을 빌고 일년 동안 비밀로 해야 한다는 것이다. 동서를 막론하고 소원성취의 기적에는 정성이 들어가야 하나 보다. 어머니의 무릎 위에 쉬고 있는 예수와 막달라 마리아, 성 요한의 모습을 조각한 피에타Pieta 상은 무척 인상적이다. 카를교에 있는 성상들은 모두 복제품이지만 그 정교함은 원본에 버금간다. 원본은 국립 박물관과 비셰흐라드 포대Vyšehrad Casemate에 보관 중이다.

블타바Vltava 강을 가로지르며 아름다운 자태를 뽐내는 카를교. 잠자고 있던 감성을 깨우는 카를교에서 바라보는 프라하 성은 성스럽고 아름답다. 특히 카를교에서 바라보는 프라하 성의 야경과 스메타나 박물관 앞에서 바라보는 카를교의 야경은 유럽의 3대 야경으로 꼽힐 정도로 찬란하게 빛난다. 중세 고딕 예술품이 노을빛과 어우러져 아득한 신비감마저 들게 한다. 카를교에서는 천천히 느릿느릿 걸으면서 소원도 빌고, 버스킹도 보고 다양한 주위 풍경을 감상하면서 즐기면 그만이다.

열차 안에서 만난 가족들과 함께(1987년)

민주주의와 자유에 대한
인간 정신의 승리

남아프리카공화국South Africa

삶이란 쉼 없는 에너지의 흐름이다. 에너지가 어느 곳을 향해 흘러가느냐에 따라 인생이 바뀔 수 있다. 그런 의미에서 여행을 떠난다는 것은 고여 있는 에너지를 흐르게 해서 잘 순환시키는 일이 아닐까. 에너지가 잘 흐를 수 있게 하려면 의식을 열고 번잡한 욕심은 잠시 내려놓고 버려두는 연습부터 해야 한다. 에너지가 운행하는 소리에 귀를 기울이고 마음을 맡겨 물처럼 바람처럼 자유롭고 소박한 행복을 찾아 길을 나서 보자. 자유와 행복은 그리 멀리 있지 않다는 걸 알게 될 테니까.

아프리카 대륙 최남단에 위치한 남아프리카공화국은 양면성을 갖고 있는 나라다. 아프리카 특유의 전통 문화 위에 유럽의 문물이 공존하기 때문이다. 인도양과 대서양에 접해 있으면서 동북쪽으로 모잠비크와 스와질란드,

서북쪽으로 나미비아, 북쪽으로 보츠와나와 짐바브웨를 국경으로 하며 전체적으로 항아리 모양을 갖추고 있다. 다채로운 지형과 뛰어난 자연 경관, 10개 이상의 언어가 통용되는 문화적 다양성으로 인해 많은 아프리카 여행객들이 빠지지 않고 방문하는 나라다. 2003년에 남아프리카공화국을 방문해 다양한 문화를 경험한 일은 무척 인상 깊게 남아 있다.

아프리카의 아름다움과 유럽의 고풍스러움을 간직한 남아프리카공화국은 광대한 내륙 고원, 반원형의 산맥과 그것을 둘러싸고 있는 커다란 단애斷崖, 협소한 띠 모양의 해안 평야를 품고 있다. 남아프리카공화국에는 세계문화유산으로 등재된 독특한 문화들이 산재해 있다. 성 루시아 습지 공원Greater St. Lucia Wetland Park, 로벤섬Robben Island, 우카람바 드라켄스버그 공원Ukhahlamba Drakensberg Park, 마푼구베 문화경관Mapungubwe Cultural Landscape, 식물구계 보호 지구Cape Floral Region Protected Areas, 프레드포트돔Vredefort Dome, 리흐터스펠트 문화 및 식물경관Richtersveld Cultural and Botanical landscape 등이 그것이다.

남아프리카공화국의 어두운 역사를 대변해 주고 있는 로벤섬Robben Island은 1999년 유네스코 세계문화유산에 등록된 매우 특별한 곳이다. 로벤은 '물개'를 의미하는 네덜란드어로 섬 주변에는 물개가 서식하고 있어 붙여진 이름이다. 로벤섬으로 가기 위해서는 항구 도시 케이프타운Cape Town으로 가야 한다. 케이프타운에는 대서양과 인도양을 가르는 최남단 희망봉Cape of Good Hope이 있는 곳이라 여행객들의 발길이 끊이지 않는다. 깎아지른 절벽과 아름다운 해안을 따라 물개들이 평화롭게 헤엄치지만 16세기 네덜란드가 수탈과 노예 무역을 일삼았던 아픔을 간직한 도시다.

로벤섬 © 김찬주

로벤섬은 수도 케이프타운에서 약 12km 바다 밖으로 테이블Table 만에 있는 타원형 모양의 섬이다. 이 섬이 특별한 데는 그만한 이유가 있다. 로벤섬에는 민주주의와 자유에 대한 인간 정신의 승리를 상징적으로 보여 주고 있는 감옥 건물이 있기 때문이다. 서구 열강의 치열한 전쟁터였던 남아프리카공화국에는 백인들의 인종 분리 정책인 아파르트헤이트Apartheid에 온몸으로 맞서 싸운 위대한 인물이 있다. 바로 제 8대 남아프리카공화국의 대통령을 지낸 넬슨 만델라Nelson Rolihlahla Mandela이다. 그는 자신의 땅에서 차별 받고 버림받은 흑인들의 인권을 되찾기 위해 백인을 향해 온몸으로 맞섰다. 총칼로 맞서 싸운 게 아니라 평화적인 방법으로 백인 정부의 차별과 박해를 전 세계에 알려 공감과 지원을 이끌어 낸 위대한 지도자다.

인권과 평화, 용서와 화해의 상징으로 1993년 노벨평화상을 수상한 넬슨 만델라는 이러한 투쟁으로 27년 간 옥살이를 했다. 18년 동안 그가 갇혔던 곳이 바로 로벤섬 감옥이다. 멀리서 바라보는 로벤섬은 아름답고 평화롭지만 알고 보면 이렇듯 슬픈 역사가 숨어 있는 곳이다. 로벤섬은 해류가 강해 죄인들이 탈출하기 어려워 많은 정치범들이 이곳에 격리 수용됐다고 한다. 현재 로벤섬에는 학교와 교회, 무슬림 사원과 이곳에서 생을 마감한 사람들의 무덤도 있다.

만델라가 갇혔던 감옥은 지금은 박물관이 되어 관람객들을 맞이한다. 빨간 통 하나와 책 한 권 펼칠 정도의 작은 앉은뱅이 상, 담요 한 장이 전부였던 독방에서 만델라는 18년을 살면서 무슨 생각을 했을까. 다시는 이 땅에 차별 받는 흑인이 없기를 기도하지 않았을까. 그의 업적은 흑인들의 영웅으로 추앙받기에 충분하다. 그의 헌신적 희생정신과 자유를 향한 굽히지 않는 위대한 투쟁의 긴 여정에 절로 고개가 숙여진다.

넬슨 만델라가 더욱 훌륭한 것은 '이에는 이, 눈에는 눈'으로서의 복수가 아니라 핍박과 박해를 일삼던 백인들에게 화해와 평화로 용서한 점이다. 이것이 진정한 자비 정신의 실천이 아닐까. 그는 흑인들에게 자긍심을 키워주었고 정신력을 회복시켰으며 교육에 모든 힘을 쏟아부었다. 세계 최초 흑인 대통령으로 역사에 길이 남은 넬슨 만델라. 그의 일생은 사회 공헌에 온몸을 바친 시간들이었기에 더욱 값지게 다가온다. 이 땅에도 온 국민이 행복하고 평화롭게 조화를 이루며 살아갈 수 있도록 해 주는 위대한 지도자가 나타나기를 기다려 본다.

무한한 상상력이 생동하는 마야 문명의 꽃

멕시코 Mexico

흔히 모든 것이 마음먹기에 달렸다고 말하곤 한다. 인간의 마음 씀을 크게 두 가지로 나눈다면 하나는 자신만을 위한 마음 씀이고, 다른 하나는 모두를 향한 차원 높은 마음 씀이 아닐까. 대부분의 사람들은 순간적으로 일어나는 마음만 사용하여 기뻐하고 흥분하거나 분노하고 증오심으로 스스로를 불안하게 한다. 마음을 잘 알아차려 살핀다면 어떤 비바람이 몰아쳐도 흔들리지 않는다. 여행에서 만나는 매 순간순간마다 자리이타自利利他의 대승적 마음 씀을 잃지 않는다면 그것보다 더 유익한 일이 어디 있을까.

멕시코는 북아메리카에 속한 나라로 북쪽은 미국과 남동쪽은 벨리즈, 과테말라와 국경을 접하고 있다. 수도 멕시코시티는 세계에서 가장 큰 도시에 속한다. 멕시코는 인디언의 나라답게 전체 인구 가운데 3/5은 유럽인과 인디언 혈통이 섞인 혼혈이다. 멕시코 인디언들은 50가지 이상의 다양한 언어를 사용하고 2만 년 전부터 이곳에 살았다고 추정한다. 올멕Olmec, 아스텍Aztec, 톨텍Toltec, 마야Mayan 같은 훌륭한 초기 문명들이 탄생한 문명부자 나라가 바로 멕시코다. 그 가운데 1988년 세계문화유산에 등재된 유카탄 반도에 마야족이 건설한 도시 치첸이트사Chichén Itzá가 가장 유명하다. 1998년 마야 문명의 흔적을 찾아 멕시코를 방문했을 때 그들이 남긴 문명 세계를 보고 큰 충격을 받은 기억이 생생하다.

톨텍과 마야 문명이 공존하는 치첸이트사는 마야 도시들 가운데 가장 거대한 규모를 자랑한다. 치첸이트사는 '우물가에 사는 이트사 족의 집'이라는 의미를 갖고 있는데 천연 우물 세노테Cenote가 있었기 때문이다. 지금도 유카탄 반도에서 최대의 세노테를 갖고 있었던 흔적이 남아 있다. '잊혀진 신의 도시'라고 불릴 정도로 오랜 영광을 누렸던 치첸이트사는 몇 백 년에 걸쳐 지어진 거대 도시이다. 중앙 멕시코 지역의 건축 양식에서부터 북부 마야 저지대 건축 양식에 이르기까지 다양한 건물들이 섞여 있어 도시를 중심으로 마야인들의 생활상을 엿볼 수 있어 무척 흥미롭다. 마야 전체에서 가장 많은 인구를 가지고 있었던 치첸이트사는 다른 지방들과의 교역과 문화 교류가 활발해 다양한 건축 양식들이 자연스럽게 마야 도시에 섞여 들어왔을 거라 짐작된다.

치첸이트사의 건물들은 대부분 비슷한 건축 양식들끼리 모여 있는데 각각의 권역들은 낮은 돌담으로 구분되어 있다. 이 권역들은 크게 세 권역으로 나뉘어진다. 첫째는 엘 카스티요El Castillo 요새와 공놀이 경기장, 전사의 신전 등을 포함하는 대 북부 권역이 있다. 둘째는 묘지 오사리오Osario와 츠

치첸이트사 © 의자

톨록Xtoloc 피라미드가 있는 오사리오 그룹이 있다. 셋째는 천문대와 라스 몬하스Las Monjas, 아캅 디집Akab Dzib 등을 포함한 중앙 유적군이다.

톨텍 문명의 특징은 대규모 건축물이고, 마야 문명의 특징은 화려한 장식이다. 치첸이트사는 이 두 가지 특징을 고스란히 담고 있어 그 가치가 더 높다. 많은 석조 건물들은 대부분이 보도로 이어져 있다. 80여 개에 달하는 길들이 도시 중심부에서부터 뻗어 나와 곳곳에 깔려 있어 계획적으로 만들어진 도시라는 생각이 든다. 지금 남아 있는 건물들은 대부분 칠이 벗겨졌지만 한때 치첸이트사 전성기에는 붉은색, 초록색, 푸른색, 보라색 등 화려한 색들이 다채롭게 칠해져 있었다고 한다. 그 모습을 상상해 보는 것도 큰 즐거움이다.

치첸이트사의 힘이 최고조에 달했을 때는 도시 전체가 마치 유럽 대성당과 같이 눈이 어지러울 정도로 수많은 장식들이 붙어 화려하고 웅장한 느낌이었을 것이다. 마야 문명에서 화려한 색깔은 부와 권력의 상징이었기에 건물들을 화려한 색으로 칠해 과시했음은 당연하다. 건축·조각·그림, 심지어는 관습까지 마야와 톨텍의 문화가 절묘하게 조화를 이룬 체첸이트사는 보면 볼수록 놀랍고 매력적이다.

치첸이트사에는 유명한 쿠쿨칸Kukulkán의 피라미드와 신전들이 있다. 여기에는 하나의 전설이 전해진다. 마야족 설화에 따르면 12~13세기경 마야족 사회에 외국인 한 명이 포로로 잡혀 들어왔다. 마야인들은 '초록 날개가 달린 뱀'이라는 의미의 쿠쿨칸이라 불렀다. 비의 신 차크Chac에게 바치는 성스러운 제물로 샘 속에 던졌는데 쿠쿨칸은 죽지 않았다. 마야인들은 그를 건져낸 후 살아 있는 신으로 받들었고, 그는 치첸이트사의 지배자가 되었다. 마야인들은 신전을 지어 그에게 바쳤다. 그것이 바로 쿠쿨칸의 피라미드 엘 카스티요 성채다.

넓은 평원에 자리하고 있는 이 피라미드는 마야족의 뛰어난 수학적 재능을 잘 나타낸다. 길이가 60m, 높이가 24m, 9층으로 된 피라미드의 사면에는 각각 91개의 가파른 계단이 있다. 정상의 제단까지 합하면 1년의 날 수와 같은 365개가 된다. 게다가 사면에서 52개의 판을 찾아볼 수 있다. 이것은 1년의 주일 수를 상징한다. 마야인들은 기원전 500년 무렵에 1년이 365일임을 계산하는 능력을 가지고 있었다. 참으로 놀랍다.

마야인들은 바퀴나 금속 도구를 이용하지 않고 정교하고 복잡한 건축을 완성했다. 그것은 수학, 천문학, 과학기술의 수준을 보여 주는 증거이다. 마야 학자 에릭 톰슨은 "역사상 다른 어떠한 민족도 마야만큼 시간의 문제에 깊이 흥미를 가진 적이 없다. 또한 다른 어떤 문화도 이만큼 이상한 과제를 심오하게 발전시킨 적이 없다"고 말했다. 지금까지도 365일에 정확하게 맞는 과학적인 설계로 인해 세계 7대 불가사의 중 하나로 꼽힌다. 신기한 것은 중앙 계단 앞에 서서 손뼉을 치면 정상 부분에서 째지는 듯한 소리가 메아리친다는 사실이다. 이곳을 방문한 사람들은 박수를 치면서 이 메아리를 확인하곤 한다.

이집트의 피라미드처럼 거대하지는 않지만 치첸이트사의 피라미드와 1천 개가 넘는 기둥으로 이루어진 신전들은 옛 마야인들의 신에 대한 외경심을 잘 보여 준다. 두려움과 공포를 이겨 내려는 강한 의지가 피라미드 속에 가득 스며 있다. 마야인의 삶에서 태양신은 항상 중심에 있었다. 신전에는 인간을 신에게 바치는 방이 있는데 마야인들은 인간의 피와 심장을 바쳐야만 태양이 멈추지 않는다고 믿어 쉬지 않고 바쳤다고 한다. 얼마나 많은 사람들이 목숨을 잃었을까. 마야 문명을 가장 리얼하게 잘 표현한 멜 깁슨 감독 영화 '아포칼립토Apocalypto'가 떠오른다. 영화 속에서 "인간에게 채워지지 않는 구멍이 하나 있다"고 하는데 그것은 바로 욕망이다. 욕망은 채울수록 더 커지는데 마야인들의 욕망은 신의 노여움에서 벗어나는 것이 아니었을까.

위대한 문명은 스스로 붕괴되기 전에는 정복되지 않는다고 했던가. 마야 문명은 최전성기를 누릴 때 마치 예정된 운명이었던 것처럼 갑자기 사라졌다. 문명의 후계자도 전설도 하나 남기지 않고 수많은 마야인들은 그들의 찬란한 밀림 문명과 함께 그야말로 감쪽같이 사라져 버린 것이다. 마야 역사의 비밀을 간직한 채 유카탄 반도의 대평원이 끝없이 펼쳐져 있는 치첸이트사 유적에는 오늘도 무한한 상상력이 생동한다.

고대 역사 유적의 기이한 풍경 속으로 날다

튀르키예Türkiye

마음은 요술 주머니와 같다. 넓게 가지면 커지고 좁게 가지면 바늘 하나 들여놓을 수 없을 정도로 작아진다. 마음을 넓게 사용할 것인지 좁게 사용할 것인지는 마음의 청소를 어떻게 하느냐에 달려 있다. 전날 쌓였던 마음의 찌꺼기를 다 버리지 못한 상태에서 또 다시 하루를 시작한다면 마음의 넓이는 좁아지게 마련이다. 마음에는 무게가 없다. 하루 동안 마음의 무게가 무거워졌다면 비우고 또 비워야 한다. 쓸고 또 쓸어 내야 한다. 새가 가볍게 날갯짓을 하는 것처럼 마음을 비우고 언제라도 가볍고 새롭게 출발할 수 있어야 한다. 여행은 마음을 넓힐 수 있는 좋은 기회가 아닐까.

지중해와 흑해 연안에 위치하고 있는 튀르키예는 유럽과 아시아에 걸쳐 큰 영토를 갖고 있는 나라다. 국토의 3%는 트라키아Trakya라 불리는 유럽 지역에, 97%는 아나톨리아Anatolia라 부르는 아시아 지역에 속해 있다. 동쪽으로 조지아·아르메니아·이란, 남쪽으로 이라크·시리아·지중해, 서쪽으로 에게해·그리스·불가리아와 접해 있다. 2021년까지 영어식 이름인 '터키Turkey'라고 불렸으나 2022년 '튀르크인의 땅'이라는 의미를 가진 '튀르키예'로 국명을 변경했다. 16세기 말경에는 발칸 제국과 중부 유럽의 헝가리, 중동, 북아프리카 지역 대부분을 포함하는 대제국을 건설했다.

튀르키예는 현재 인류가 가장 오래 거주한 지역 중 하나로 선사 시대 초부터 인종과 문화가 각기 다른 많은 집단이 모여 살았다. 긴 역사가 흐르는 동안 페르시아·아랍·비잔틴·오스만·서유럽 문명에 기반을 두고 다양한 문화유산을 간직하고 있다. 튀르키예에는 고대 로마 유적에서부터 동로마 유적까지 수많은 유적들이 산재해 있다. 종교적으로는 이슬람교를 믿는 사람들이 지배적으로 많아 관습과 음악, 미술, 문학, 건축 등에 깊은 영향을 끼쳤다. 이슬람 국가답게 튀르키예에는 건축미를 자랑하는 많은 모스크가 세워져 있다. 지중해와 흑해 연안의 아름다운 항구는 휴양지로 인기가 높다. 험난한 지형을 갖고 있어 그에 따른 기후도 온대, 냉대, 건조 등 천차만별이어서 같은 계절이라 하더라도 해안에서는 물놀이를 할 수 있지만 고지대에서는 겨울옷을 입어야 할 정도로 춥다.

튀르키예는 여행할 곳이 많다. 1987년부터 여섯 번 정도 튀르키예를 여행했다. 지리적으로 유럽과 아시아의 경계 지역에 자리한 이스탄불Istanbul은 색다른 체험을 할 수 있어 여행객들이 빼놓지 않고 찾는 곳이다. 이스탄불에는 튀르키예에서 가장 규모가 크고 제일 아름다운 건축물로 꼽히는 블루 모스크Blue Mosque가 있다. 6개의 높은 첨탑과 여러 개의 모스크로 구

트로이 유적 © 김찬주

카파도키아 © 의자

성되어 있는 블루 모스크는 오스만 제국의 제 14대 술탄 아흐메트 1세의 지시로 1609년 건축가 메흐메트 아가Mehmet Ağa가 착공을 시작해 1616년 완공했다. 같은 지역에 있는 아야소피아Ayasofya 성당의 건축 양식을 모방하여 발전시킨 것이라고 한다. 내부의 벽과 돔은 수만 장의 푸른색과 흰색 타일로 꾸며져 스스로 빛을 발하면서 신비감을 자아낸다. 수백 개의 스테인드글라스를 통해 들어오는 햇빛으로 사원은 화려하고 아름답다.

지중해 최대 휴양지이자 고대 문화유산이 가득한 관광 도시 안탈리아 Antalya에는 선사 시대부터 오스만 제국 출토 유물을 전시한 고고학 박물관이 있고, 지중해의 아름다운 해변 풍경을 감상할 수 있다. 안탈리아에서 자동차로 4시간 정도 이동하면 만날 수 있는 여행지가 바로 온천 마을 파묵칼레Pamukkale다. '목화의 성'이라는 뜻의 파묵칼레는 화학적 탄산칼슘 침전에 의한 석회암 지대가 넓게 펼쳐져 있다. 뜨거운 온천수와 분출되는 유독 가스 등이 어우러져 기이한 장관을 이룬다. 1988년 세계문화유산으로 지정된 파묵칼레는 단단한 석회층에 온천수가 흘러 사람들은 온천을 즐기며 기이한 풍경을 배경 삼아 인증샷을 남겨 보기도 한다. 이곳에는 로마식 극장, 개선문과 중심 거리, 성당 등 역사 유적지인 히에라폴리스 Hierapolis 유적을 둘러볼 수 있어 알찬 시간을 보내기에 좋은 여행지이다. 내부에는 온천 수영장이 있어 로마 유적과 함께 수영을 즐기는 이색적인 체험도 즐길 거리 중 하나이다.

튀르키예 여행에서 빼놓을 수 없는 체험이 바로 열기구 벌룬을 타 보는 일이다. 파묵칼레에서도 열기구를 탈 수 있지만 그 중심지는 바로 카파도키아Cappadokya다. 상당한 규모를 자랑하는 카파도키아 열기구 투어는 100

여 개가 넘는 벌룬이 하늘에 둥둥 떠 있는 것만으로도 장관을 이룬다. 열기구를 타고 아침 햇살을 맞으며 화산 폭발로 만들어진 기암괴석이 즐비한 경치를 내려다보는 것은 분명 잊을 수 없는 멋진 여행의 추억으로 남을 것이다.

카파도키아는 시골 마을이라 하기에는 동서로 최대 400㎞, 남북으로 최대 250㎞에 달하는 넓은 지역이다. 이곳의 중심 도시는 괴레메Göreme로 특유의 기암괴석이 볼만하다. 카파도키아의 상징과도 같은 굴뚝처럼 생긴 '가족바위'가 하늘에 닿을 듯 치솟아 있다. 그곳에는 고대 동로마 사람들이 박해를 피해 숨어 살았던 카이마클르Kaymaklı 지하 도시가 있다. 여행자들에게 동굴 숙소로 인기가 많다. 괴레메 서남쪽에는 으흘랄라Ihlara 협곡이 있어 순례자처럼 트레킹을 할 수 있다.

일몰 구경의 성지로 불리는 장미 계곡은 노을이 질 때 암벽에 비친 색깔이 장미처럼 황홀하다. 그밖에도 카파도키아에는 데브렌트 계곡Devrent Vadisi, 우치히사르 비둘기 계곡Uçhisar Güvercinlik Vadisi, 우치히사르 성Uçhisar Kalesi, 파노라마 전망대 Esentepe Panoramic View Point, 괴레메 야외 박물관Göreme Açık Hava Müzesi, 어둠의 교회Karanlık Kilise 등 역사 유적과 함께 기이한 자연 풍광들이 즐비하다.

튀르키예는 관광 대국이다. 깊은 역사를 갖고 있어 색다른 체험과 고대 유적지를 두루 감상할 수 있다. 이스탄불, 파묵칼레, 카파도키아를 잇는 여행지는 필수 코스로 인기가 높다. 지형에 따라 기후에 따라 주제별, 색깔별로 분류해서 다양하게 체험해 보는 것도 여행의 묘미다. 열기구 벌룬을 타고 성채와 협곡들 사이로 강이 흐르고 오렌지색 지붕들이 마을을 이루고 사는 튀르키예 풍경들. 다양함이 조화를 이룰 때 아름다움은 커진다. 튀르키예가 보여 주는 조화와 공존의 문화는 평생 잊지 못할 추억이다.

괴레메 유적지에서(1993년)

괴레메 유적지에서(1993년)

파묵칼레에서(1993년)

발칸반도 최고의 건축미학을 뽐내다

불가리아Bulgaria

우리 삶에 미래가 없다면 어떻게 될까. 많은 사람들이 절망에 신음할지 모른다. 미래는 꿈이자 삶의 원동력이다. 어떤 면에서는 매 순간이 미래를 여는 큰 발판이며 도약이다. 미래를 잘 디자인하기 위해서는 인생의 지휘자가 되어 전체를 보는 넓은 안목을 가져야 한다. 음악에 있어서 지휘자는 조화를 이루는 전문가이다. 각기 다른 특성을 가진 악기들을 하나의 선율로 만들어 내는 것이 지휘자의 역할이다. 삶의 다양한 상황과 현실을 잘 조화시키는 능력을 기를 때 미래의 꿈은 보다 가까이 실현될 수 있다. 멋진 미래를 꿈꾸는가. 여행을 떠나 보라. 여행이야말로 미래를 설계하고 꿈꾸게 하는 길동무가 아닐까.

발칸반도는 '숲이 우거진 산맥'이란 뜻을 지닌 동유럽과 남유럽, 중동과 아시아를 잇는 관문 역할을 하는 곳이다. 이곳은 예로부터 여러 문명이 거쳐

릴라 수도원 © 의자

가면서 깊은 역사를 지닌 땅이다. 유럽 남동부 발칸반도에서 흑해를 끼고 있는 불가리아는 북쪽 국경의 대부분을 흐르는 도나우 강이 루마니아와 경계를 이룬다. 남쪽으로 그리스와 튀르키예, 서쪽으로는 세르비아, 마케도니아와 접해 있다. 흑해 연안 지역은 바르나Varna와 부르가스Burgas의 백사장과 항구가 있어 동유럽에서 가장 인기 있는 휴양지 중 하나이다.

1993년부터 여러 차례 여행한 불가리아는 특별한 추억이 가득한 곳이다. '발칸의 붉은 장미'란 별칭으로 불리는 불가리아는 오랜 역사를 거쳐 오는 동안 독특한 문화를 이루어 내 유럽의 다른 국가들과는 또 다른 느낌으로 자연의 숨결이 묻어나는 나라다. 대표적으로 불가리아의 수도 소피아Sofia는 유럽에서 가장 오래된 도시로 산을 끼고 있어 경치가 무척 아름답다. 인구의 대부분이 동방정교에 뿌리를 둔 불가리아 정교를 믿는다. 소피아 시내 중심에 있는 성 하기아 네델랴 교회St. Hagia Nedelja Church, 성 소피아 교회St. Sofia Church, 성 게오르기 교회St. Georgi Church를 비롯해 보야나 교회Boyana Church 등 고색창연한 성당 건축물이 즐비하다.

소피아에서 남서쪽으로 177km 떨어진 릴라Rila 산 정상에는 아름다운 호수들이 한 곳에 모여 장관을 이룬다. 릴스키마나스틸Rilski Manastir에 위치하고 있는 릴라 수도원Rila Monastery은 불가리아에서 가장 유서 깊은 곳이다. 죽기 전에 꼭 봐야 할 세계 역사 유적으로 장엄하고 아름다운 건축 미학을 자랑한다. 발칸반도 최고봉인 해발 1,000m가 넘는 깊은 산속 비탈면에 요새처럼 지어져 있는 릴라 수도원은 1983년 유네스코 세계문화유산으로 등재되었다.

과거 수많은 열강의 침입과 지배를 받는 등 힘겨운 시간을 지나는 동안 불가리아의 정신적 버팀목이 되어 준 릴라 수도원은 927년 동방 정교회의 성자 반열에 오른 운둔자 이반 릴스키Ivan Rilski가 설립하면서 그 역사가 시작되었다. 성 요한St John이라 불리는 이반 릴스키는 그를 따르던 신자들과 순례자들이 수도원 주변에 하나둘씩 촌락을 이루어 수도원은 점차 종교 중심지로 변해 갔다. 14세기 초반 큰 지진이 일어나 수도원 건물이 파괴되었는데 이 지방의 귀족인 프레리요 드라고보라가 견고한 요새 형식으로 다시 복원했다. 그 후 1833년 대화재가 일어나 수도원의 건물이 대부분 소실

릴라 수도원 © 김찬주

되었던 것을 28년이라는 긴 세월 동안 지금의 모습으로 복구했다. 1976년 국립 사적지로 지정되었으며, 1991년 이후부터 불가리아의 정교회 소유로 남아 있다. 한때 300여 명의 수도사가 머물렀는데 지금은 10여 명의 수도사가 남아 명맥을 잇고 있다.

4층 건물의 수도원을 아치 모양의 회랑이 감싸듯이 세워져 있어 든든한 버팀목이 되어 준다. 수도원 안에는 교회, 주거 구역, 박물관 등이 들어서 있어 종교의 역사와 함께 수도사들의 생활상을 엿볼 수 있다. 건물 1층에는 역사 박물관이 있다. 이곳에는 4,100여 점의 서류, 필사본, 기도문, 성화 등의 수집품들이 전시되어 있다. 이 중에서 1790년에서 1802년에 걸쳐 제작된 '라파일의 십자가Cross of Rafail'가 볼 만하다. 길이 50cm의 십자가에는 140여 개의 성서 장면들이 새겨져 있고, 등장 인물만 무려 1,500여 명이나 된다. 이 십자가를 제작했던 라파일 수도사는 12년 동안 십자가를 만든 후 눈이 멀었다고 한다. 그의 깊은 신앙심은 가히 존경스럽다. 수도원 안쪽에는 성모탄생교회가 있고, 성당 외벽과 천장에는 무려 1,200여 점의 프레스코 기법의 벽화가 그려져 있어 눈길을 사로잡는다. 수도원 안에는 프레리요 탑이 세워져 있는데 탑에 오르면 아름다운 수도원을 한눈에 전망할 수 있다.

릴라 수도원은 19세기 불가리아 르네상스의 상징이다. 수도사의 금욕적인 삶의 은둔처가 된 릴라 수도원은 불가리아 사람들의 정신적 귀의처이자 창조적 우수성을 뽐내는 걸작품이다. 발칸 지역에서 이슬람 건축 양식을 받아들이면서 건축 미학의 최고봉을 자랑하는 릴라 수도원은 종교를 넘어 훌륭한 건축과 벽화가 조화롭게 융합되어 예술 복합체라는 의미에서 그 가치가 더욱 크다. 종교의 힘은 역시 위대하다.

장밋빛처럼 붉은 잃어 버린 도시를 찾아서

요르단Jordan

두려움은 인간이라면 누구나 갖는 감정이다. 한 번도 경험해 보지 못한 세상에 대한 두려움부터 과거의 실패나 상처를 되뇌이면서 겪는 두려움, 미래에 대한 불안감에서 오는 두려움까지 크고 작은 두려움으로 사람들은 행복하지 못한 삶을 살아간다. 두려움을 극복하기 위해서는 용기가 필요하다. 여행은 두려움을 극복할 수 있는 좋은 기회를 만들어 준다. 여행에서 얻는 여러 가지 경험은 세상의 두려움과 맞서 대항할 수 있는 힘을 길러 준다. 여행길에서 마주한 두려움을 이겨내면 또 다른 세상이 열리는 것이다. 낯선 사람을 만나 마음과 마음이 열리는 것을 경험하면서 멀리 떠나왔기에 누릴 수 있는 감동을 맛볼 수 있는 것도 여행이 가져다 주는 또 다른 매력이다.

요르단은 서남아시아 아라비아 북부에 있는 아랍 국가이다. 북쪽은 시리

페트라 © 의자

아, 북동쪽은 이라크, 남쪽은 사우디아라비아, 서쪽은 이스라엘을 국경으로 한다. 지형적으로 국토의 상당 부분이 붉은 사막과 황무지로 덮여 있다. 국민의 대부분은 서로 다른 종족으로 구성되어 인구의 절반 이상은 시리아 등지에서 유입된 난민으로 이루어져 있다. 요르단은 도시마다 오랜 역사와 신비를 품고 있다. 깊은 바다가 지각 변동으로 솟아나 붉은 사막으로 변한 도시와 세계에서 염도가 가장 높고, 낮은 해수면을 가진 소금물 호수인 사해Dead Sea가 흐르는 실크로드의 요충지다. 이런 지리적 특성으로 동양과 서양, 이슬람교와 기독교가 만나 교차하는 공존의 역사를 남기고 있다.

요르단은 상상을 뛰어넘는 자연 환경과 유적, 그 속에 숨은 종교적 성지 이야기들로 여행자를 설레게 한다. 수도 암만Amman에서부터 로마와 비잔틴 제국 시대의 유적이 즐비하다. 요르단에 산재한 유적지 가운데 단연 으뜸은 고대 나바테아Nabatea 왕국이 건설한 산악도시 페트라Petra이다. 1985년 세계문화유산에 등재된 페트라를 영국의 시인이자 신부인 존 버곤John William Burgon은 "영원한 시간의 절반만큼 오래된, 장밋빛처럼 붉은 도시"라고 칭송했다.

페트라는 바위를 뜻한다. 과거 페트라 일대는 바다였던 것이 융기에 의해 육지가 된 것이다. 협곡으로 둘러싸인 바위를 깎아 만든 거대한 도시 페트라는 천년 동안 역사 속에 묻혀 '잃어버린 도시'가 되었다가 1812년 스위스 출신 요한 루드비히 부르크하르트Johann Ludwig Burckhardt에 의해 망각 속에서 살아났다. 세계 7대 불가사의 중 하나로 꼽히는 페트라는 인간의 힘으로 만든 것이라고 믿어지지 않는 아름다운 건축물로 이루어져 있다. 그 풍경은 마치 외계 행성에 온 듯 경이롭고 기이하다.

페트라에서 가장 유명한 장소는 '보물창고'라는 의미를 지닌 알 카즈네Al-Khazneh이다. 단일 사암에 조각한 세계에서 가장 아름다운 보석 같은 건축물로 칭송 받는다. 알 카즈네는 나바테아 왕 아레타스 3세의 영묘로 추정한다. 2층 건물의 높이로 6개의 돌출된 기둥과 스핑크스 같은 신화적 존재들을 묘사해 놓은 정교한 조각과 아름다운 출입구가 무척 흥미롭다. 페트라에는 알 카즈네를 비롯해 야외 신전 유적, 원형 극장, 멋지고 웅장한 앗 데이르Ad-Deir 수도원, 거대한 바위를 깎아 만든 왕가의 무덤 등 바위 곳곳을 깎아 만든 800여 개의 건축물들이 잘 보존되어 있다.

이집트, 시리아, 중국, 인도 상인들이 거쳐 가는 거점으로 높은 수준의 문화와 문명을 누렸던 페트라는 현재 10% 정도 발굴된 상태라고 한다. 보이는 것은 빙산의 일각에 지나지 않는다는 말이 실감난다. 영화 '인디아나 존스', '트렌스 포머' 등 촬영지로도 각광 받으며 세계적인 관광지로 사람들의 발길을 사로잡는다. 여행자들 사이에서는 "새로움을 느낄 수 없다면 페트라로 가라"는 말이 있을 정도로 석양 무렵의 페트라 풍경은 압권이다.

요르단의 또 다른 유명 관광지는 아즐룬Ajlun과 제라쉬Jerash, 와디럼Wadi Rum 등이 있다. 가을이면 올리브가 풍성하게 열리는 숲이 울창한 초록의 도시 아즐룬에는 십자군의 공격을 방어하기 위해 세운 견고한 아즐룬 성이 있다. 계단과 복도가 미로처럼 이어져 있고 구멍난 돌을 이용해 아치형 돔이 무너지지 않게 지은 건축 공법이 예사롭지 않다. 잦은 외침 때문에 강력한 나라를 세우지는 못했지만 요르단 사람들은 이곳을 사막의 오아시스라 여기며 대단한 자부심을 갖고 있다.

제라쉬는 요르단 북부 로마 유적지가 가장 잘 보존된 곳으로 페트라와 더불어 가장 많은 관광객들이 찾는 곳이다. 제라쉬는 기둥 도시라 불릴 정도로 우뚝 솟은 석주가 즐비하다. 개선문, 전차 경기장, 원형 극장, 아고라 광장 등 볼거리가 많다. 수도 암만 남쪽 사막 지대인 와디럼은 요르단의 큰 자랑거리다. 세계에서 드물게 보는 붉은 사막이 해발 900m 고원에 펼쳐져 있어 신비감을 자아낸다. 물과 바람을 견디며 펼쳐 내는 기암괴석의 다채로운 풍경들이 사막과 어우러져 장엄한 그림을 그려 낸다.

예전에 깊은 바다였던 오래된 도시마다 수천 년 전의 일들이 새겨져 있는 신화와 역사의 땅 요르단. 사람과 동물이 한 가족이 되어 평화롭게 사는 요르단은 곳곳에 켜켜이 쌓아 놓은 보물 같은 이야기가 숨어 있다. 걸어서 세상을 만나고 싶어하는 사람들에게는 완벽한 여행지다. 고대 도시를 걸어보며 과거로의 시간 여행을 즐기기에 더없이 좋은 곳이 바로 요르단 여행이다. 1999년 여행한 요르단은 과거로의 시간 여행을 하기에 특별하고 멋진 장소였다.

고풍스러운 중세 도시를 간직한 아드리아해의 진주

크로아티아Croatia

세상은 넓고 복잡하다. 때로는 알 수 없는 예기치 않은 일들이 벌어지는 정글 같은 곳이다. 그런 세상을 자신의 잣대로만 보려고 한다면 잘못될 수도 있고, 잘 맞지 않는 것은 당연하다. 세상을 현명하게 사는 방법은 자신의 생각만 내세우지 말고 세상을 열린 마음의 눈으로 바라볼 수 있어야 한다. 열린 마음이 되기 위해서는 상대방에게 마음을 주는 일부터 시작해야 한다. 주는 마음이 곧 마음을 여는 일과 연결되어 있으니까. 여행은 꽉 막혀 있던 마음을 스르르 열게 해 주는 마법 같은 힘이 있다. 대자연을 바라보는 순간, 자기도 모르게 마음은 활짝 열려 버리고 만다. 자주 여행을 떠나는 연습을 하다 보면 열린 마음이 되어 세상살이가 조금은 편해질 수 있으리라.

발칸 반도 중서부에 위치하고 있는 크로아티아는 유럽 아드리아해 동부 해

두브로브니크 © 김찬주

안을 따라 천 개가 넘는 섬들을 가진 나라이다. 헝가리, 세르비아, 슬로베니아, 보스니아헤르체고비나 등과 국경을 맞대고, 서쪽으로는 아드리아해에 접해 있다. 옛 유고슬라비아 연방을 이루던 공화국이었으나 1980년대 말 개혁의 흐름 속에서 1991년 독립을 선언했다.

크로아티아는 아름다운 해안의 목가적인 풍경으로 인해 세계인들이 즐겨 찾는 새로운 관광국으로 떠오르고 있다. 아름다운 지상 낙원이라는 별명처럼 자연과 도시가 잘 어우러져 유럽 최대 휴양지로도 인기가 높다. 해안을 따라 유명 관광 도시들이 모여 있어 유럽인들은 평생 꼭 한번은 가 봐야 하는 여행지로 크로아티아를 꼽는다. 요트를 즐기는 사람들이 자주 찾고, 유명 할리우드 스타들도 휴양지로 선택하는 곳이 바로 크로아티아다. 크로아티아의 수많은 여행지 가운데 아드리아해의 진주로 불리는 두브로브니크Dubrovnik는 단연 으뜸이다.

2003년 크로아티아 최남단에 위치한 두브로브니크로 떠난 여행은 큰 기쁨을 안겨 주었다. 두브로브니크는 환상적인 풍경을 자랑하지만 오늘날과 같은 세계적인 관광지가 되기 전까지는 아픈 역사를 지닌 곳이다. 두브로브니크는 제 2차 세계 대전 이후 유고슬라비아 연방 공화국의 일부로 편입되었다가 1991년 내전이 끝난 후에는 크로아티아 영토에 속하게 되었다. 내전 당시 크로아티아를 침공한 세르비아 군대가 두브로브니크를 포위하고 폭격을 가해 도시의 건물 상당수가 파괴되었다. 유적이 파괴되는 소식을 전해 들은 전 세계의 학자들이 인간 방패가 되어 두브로브니크를 지켰다고 한다. 전쟁 후에는 유네스코 등의 지원을 받아 대부분의 유적들이 복원되었다.

크로아티아의 어느 도시에서든 두브로브니크로 이동하는 것은 어렵지 않지만 반드시 두 나라를 경유해야만 도착할 수 있다. 두브로브니크로 이동하는 버스를 타면 두 번의 국경 출입문 관리소를 만나게 되는데 두 국경 사이에는 보스니아헤르체고비나의 네움Neum이라는 도시가 자리하고 있다. 1984년 유고슬라비아 연방 대통령이었던 요시프 브로즈 티토Josip Broz Tito 대통령이 네움을 보스니아헤르체고비나로 넘겨주었기 때문이다. 1992년 보스니아헤르체고비나가 독립을 하면서 네움은 크로아티아를 두

두브로브니크 성벽 © 의자

개로 나눠 버린 큰 장벽이 되고 말았다. 현재까지도 크로아티아에서는 네움의 반환을 요구하고 있지만 보스니아헤르체고비나는 네움을 크로아티아에게 내주면 바다와 인접해 있는 도시가 사라지기 때문에 네움이 크로아티아로 되돌아가는 일은 결코 쉽지 않을 것 같다. 첫 번째 출입문 관리소를 지나면 보스니아헤르체고비나의 땅이고, 두 번째 출입문 관리소를 통과하면 다시 크로아티아로 들어서게 된다. 여권 검사를 두 번이나 받아야 하는 번거로움이 있지만 두브로브니크의 아름다움과 마주한다면 그 정도는 가볍게 감내할 일이다.

두브로브니크에 도착하면 제일 먼저 성벽이 눈에 들어온다. 두브로브니크 성벽이다. 성벽이 있는 두브로브니크 옛 시가지 건축물들은 1979년에 유네스코 세계유산으로 지정되었다. 유럽에서도 손꼽히는 보존 상태를 자랑하는 이 성벽은 13세기부터 16세기까지 외부의 침략을 막기 위해 이중으로 지어졌다. 총 길이가 약 2km에 달하고, 내륙 쪽의 성벽은 최대 6m, 해안 쪽 성벽은 1.5~3m 정도의 두께로 둘러싸여 있다. 성 안에 4개의 요새가 세워져 있고 성벽 밖에 1개의 요새가 더 있다. 전쟁과 지진을 겪으면서 여러 번의 증개축을 거쳐 지금의 아름다운 모습을 갖추게 되었다. 성벽에 오를 수 있는 출입구는 총 3곳이 있다. 필레 문 옆에 있는 출입구가 메인 출입구이고, 2개의 출입구는 플로체 문과 성 이반 요새 쪽에 있다. 성벽에서 내려다보이는 구시가지의 풍경과 아드리아해의 풍경은 절대 놓치지 말아야 할 두브로브니크 관광의 하이라이트이다.

아드리아해 달마티안Dalmatian 해안에 위치한 고풍스러운 아름다운 중세 도시 두브로브니크. 천혜의 자연환경과 중세 도시의 모습이 그대로 보존되어 아름다운 풍광을 자랑하는 유서 깊은 고대 도시의 성벽을 따라 걸으며 옛 정취에 흠뻑 젖어 보는 것도 무척 낭만적이다. 전망대에서 바라보는 오렌지 빛깔의 아름다운 지붕 위로 아드리아해의 붉은 태양이 질 때면 형언할 수 없는 만족감이 벅차오른다. 잠시 눈을 돌리면 비췻빛 푸른 바다가 절경으로 눈 앞에 펼쳐진다. 두브로브니크는 휴식과 관광이라는 두 마리 토끼를 잡을 수 있는 만족스러운 여행지임에 틀림없다.

물과 바람이 만든 거대한 지질 예술 작품

미국 United States of America

친절이란 깊고 절실한 사랑의 실천이다. 일상에서 친절한 마음은 자비심과 가장 가까이 있다. 남에게 친절을 베푸는 일은 내 안에 있는 선한 마음을 이끌어 내는 행위이기도 하다. 친절을 실천하게 되면 타인의 즐거움을 함께 기뻐할 수 있고 스스로의 마음도 맑아진다. 친절한 마음을 일으키면 남과의 관계를 원만하게 한다. 자신에 대해서도 좋은 느낌을 가질 수 있으니 몸과 마음이 건강해지는 건 당연하다. 여행지에서 만나는 대부분의 사람들은 친절하다. 친절을 나누고 베푸는 일이 최상의 덕을 쌓는 일이라 믿으니까.

1998년 뉴욕을 비롯해 미국 여러 지역을 여행했다. 캐나다와 멕시코 사이에 위치하는 미국은 넓은 땅을 개척해 세계 패권을 잡기까지 빠른 속도로 달려왔다. 15,000년 전 아시아에서 북미로 이주해 왔을 것으로 추정되는 수많은 아메리카 인디언으로부터 미국 역사는 시작된다. 하지만 본격적인 역사는 1492년 콜럼버스Columbus가 아시아로 가는 새로운 길을 찾던 중 아메리카에 처음 도착한 시기로 잡는다. 그 후 유럽 열강들의 식민지 시대를 거쳐 1775년 독립 전쟁을 통해 비로소 다져지게 된다. 50개의 독립된 주들이 모여 하나의 연방 국가를 형성하고 있는 미국은 수많은 인종이 모여 사는 이민국으로 세계 최대 경찰국이자 경제 대국의 자리를 굳건히 지키고 있다.

미국 여행에서 꼭 가 봐야 할 첫 번째 장소로 꼽히는 곳이 바로 서부 애리조나 주에 있는 그랜드 캐니언Grand Canyon이다. 애리조나 주 북쪽 경계선 근처 파리아Paria 강 어귀에서 시작해 네바다 주 경계선 근처 그랜드 위시Grand Wish 절벽까지 이어져 있다. 그랜드 캐니언은 이 지역에 있는 갈라진 수많은 협곡과 고원 지대의 자연 경관을 통털어 이르는 말이다. 20억 년 전 지질학 역사의 산 증거가 되는 그랜드 캐니언의 풍광은 장엄하고 아름답다. 지구에서 일어난 지질학적 사건을 광범위하고 심오하게 기록하고 있다는 점에서 그랜드 캐니언과 견줄 수 있는 곳은 지구 어디에도 존재하지 않을 만큼 경이롭다. 이런 대자연에 대한 경외심으로 1979년 세계문화유산에 이름을 올렸다.

그랜드 캐니언은 미국에서 가장 유명한 랜드마크 중 하나이자 보물 중의 보물이다. 그랜드 캐니언은 5,000km²에 달하는 방대한 면적에 깊은 계곡과 다채로운 빛깔의 바위, 장엄한 절경을 이루는 절벽과 빼어난 장관을 연출하는 협곡이 절묘한 조화를 이루고 있다. 여행을 사랑하는 사람들이라면 꼭 보아야 할 경이로운 자연 풍광으로 손꼽는다. 그랜드 캐니언이 감탄

그랜드 캐니언 © 김찬주

스러운 것은 경이롭고 장엄한 아름다움이지만 가장 중요하고 값진 가치는 협곡 양쪽 절벽의 암석에 드러나 있는 지구의 역사를 보는 일이다.

협곡 전체의 빛깔은 붉은빛이지만 태양의 위치와 방향, 밝기에 따라 시시각각으로 변한다. 각각의 지층은 독특한 색조를 띠고 있어 색다른 매력을 지닌다. 그랜드 캐니언에는 여행객들이 즐겨 찾는 포인트 장소가 있다. 매더 포인트Mather Point나 토로윕 오버룩Toroweap Overlook과 같은 전망 좋은 곳에 오르면 환상적인 전경을 한눈에 담을 수 있다. 그밖에도 여러 가지

방법으로 대자연을 만끽할 수 있다. 사우스림South Rim 코스를 따라 나귀를 타거나, 그랜드 캐니언 국립 공원을 관통하며 힘차게 굽이치는 콜로라도Colorado 강 급류를 따라 래프팅을 즐길 수도 있다. 아니면 헬리콥터를 타고 계곡의 상공을 가르며 발아래 절경을 감상할 수도 있다. 지질학의 역사와 극단의 환경 속에서 사는 동물들과 초기 원주민들에 대해 알아보는 재미도 쏠쏠하다.

그랜드 캐니언을 그토록 깊이 깎아 낸 것은 콜로라도 강의 침식 작용이다. 콜로라도 강의 빠른 물살과 엄청나게 많은 양의 물이 진흙·모래·자갈 등을 하류로 운반하기 때문이다. 콜로라도 강이 운반하는 침전물은 하루 평균 50만 톤에 이른다고 하니 자연이 그려 내는 큰 사건이 아닐 수 없다. 그랜드 캐니언이 그처럼 깊고 웅장한 것은 비·바람·기온의 풍화 작용과 화학적 풍화 작용이 동시에 일어나 부드러운 암석을 빨리 마모시킨 면도 없지 않다. 이 모든 요인이 그랜드 캐니언의 폭을 꾸준히 넓혀 왔던 것이다. 정반대의 과정으로 협곡이 생긴 것도 놀라운 일이다.

그랜드 캐니언은 물과 바람, 자연이 만든 최상의 예술 작품이다. 거대한 말발굽 모양으로 굽이쳐 강이 흐르고 물살의 흔적이 만들어 낸 신비로움은 또 다른 세상에 온 것 같은 기분이 들게 한다. 그 독특한 풍경 앞에 서 있는 인간은 그저 작은 한 그루 나무 같다.

신의 이름으로 지켜 온
자연과 인간이 공존하는 영성 여행

아르메니아Armenia

사람들은 관계 속에서 산다. 사람들과 좋은 관계를 맺는 일도 노력이 필요하다. 세상에는 일방적인 관계도 있지만 대부분은 서로 주고받는 소통의 관계를 맺고 있다. 늘 관심을 가져 주고, 순수한 마음으로 대하고, 따뜻한 말을 건네며, 맑은 웃음을 선사한다면 관계는 오래도록 지속될 것이다. 만났다 헤어짐을 반복하는 길 위에서 여행은 매 순간 관계 맺기다. 어쩌면 여행은 관계 맺기로부터 시작되고 완성하여 가는 과정이다. 낯선 곳에서 선하고 좋은 사람을 만나 만족한 관계 맺기가 이루어진다면 더없이 행복한 여행이 된다. 여행은 뜻밖의 관계 맺기를 찾아가는 여정인지도 모르겠다.

아르메니아는 평균 고도 해발 1,900m의 높은 산악 지대에 자리한 서남아시아에 속한 나라다. 지리적으로 아시아에 속해 있지만 북쪽과 동쪽으로 조지아와 아제르바이잔, 서쪽으로 튀르키예, 남쪽으로 이란과 접해 있어 정치, 경제, 문화적으로는 유럽에 가깝다. 게다가 각종 국제기구에서 유럽 소속 회원국으로 활동 중이기 때문에 동유럽으로 보기도 한다. 조지아, 아제르바이잔과 더불어 소련 남부, 흑해와 카스피해 사이의 지역을 일컫는 코카서스 3국에 속한다. 2013년 들녘에 핀 예쁜 꽃들을 벗삼아 코카서스 3국을 두루 여행했다.

아르메니아는 슬픈 역사를 가진 나라다. 전쟁을 빼고 아르메니아를 설명할 수 없을 정도로 전쟁의 한가운데에서 희생양이 된 아픈 역사를 지녔다. 아르메니아는 오랜 역사 속에서 주변국들의 영향을 받으며 번영과 쇠퇴를 반복하는 부침을 겪었다. 동으로는 아제르바이잔, 서로는 튀르키예, 남으로는 이란, 북으로는 조지아가 아르메니아 땅을 감싸고 있지만 국경은 조지아와 이란에만 열려 있다. 튀르키예와는 '아르메니아 학살 사건'의 씻을 수 없는 끔찍한 기억이 한 세기가 지난 지금까지도 생생히 남아 있어 국경이 단절됐다. 아제르바이잔과는 오랜 영토 분쟁으로 끝없는 갈등이 이어지고 있다. '20세기 첫 인종 학살'로 불리는 아르메니아 학살 사건은 튀르키예의 전신인 오스만 제국이 150만 명의 아르메니아인을 시리아로 강제 추방시키는 과정에서 추위와 굶주림, 질병 등으로 죽게 했다는 역사적 사실이 드러나면서 빚어진 참극이다.

아르메니아의 어두운 역사의 중심에는 러시아의 남하南下 정책이 숨어 있다. 한때 소련에 속해 한 울타리를 함께 나눴던 아제르바이젠과 아르메니아는 1980년대 말부터 관계가 어긋나기 시작했다. 아제르바이잔 영토의 일부인 나고르노카라바흐Nagorno-Karabakh 지역을 둘러싼 분쟁이 벌어졌기 때문이다. 땅의 주인은 아제르바이잔이지만 지역 주민의 대부분은 아르메니아인이라는 점이 불씨를 지폈다. 이 영토에 자치 공화국을 수립하려던 아르메니아 정부와 땅 주인이 맞붙었던 것이다. 1991년 소련 해체 직후 독립을 선언한 두 나라는 서로의 주장을 굽히지 않고 전면전에 돌입해 많은 사상자와 난민을 발생시켰다. 1994년 휴전했지만 지금까지도 두 나라 간 군사 충돌은 피할 수 없는 일이 되고 말았다. 영토 분쟁의 유혈 사태는 아직도 현재 진행 중이다.

어둡고 우울한 역사를 가진 아르메니아지만 그 안에는 진주처럼 빛나는 아름다운 자연 풍광과 곳곳에 세워진 수도원이 있어 아픈 역사를 달래 주는 듯하다. 수도 예레반Yerevan은 가장 먼저 사람이 살기 시작한 곳이자 예술의 도시이다. 카스카드Cascade 조각 공원에는 세계적인 조각 작품들이 전시되어 있어 여행자의 눈길을 사로잡는다. 자연이 잘 보존된 조각 공원 폭포 정상에서 아르메니아 사람들이 성산聖山으로 여기는 아라라트Ararat 산이 멀리 보인다. 아르메니아는 기독교를 가장 먼저 받아들인 나라다. 성서에 따르면 아라라트 산은 노아의 방주가 도착한 곳이라 신성시한다. 그런데 유감스럽게도 이 산은 튀르키예 소유로 되어 있어 아르메니아에서는 산을 오를 수 없다니 그저 안타까울 뿐이다.

아르메니아 여행은 수도원에서 수도원으로 이어지는 영성 여행이라 할 정도로 유서 깊은 수도원이 많다. 303년에 건립된 아르메니아 최초의 에치미아진Echmiadzin 수도원을 비롯해 세계에서 가장 높은 곳에 위치한 세반 호수에 있는 세반Sevan 수도원은 독특한 원형질의 고색창연한 투박함이 그대로 살아 있어 보는 이들을 숙연하게 만든다. 수많은 수도원 중에 동굴 수도원으로 알려진

게하르트 수도원 © 의자

게하르트Geghard 수도원은 단연 으뜸이다. 수도원은 아자트Azat 계곡의 바위를 깎아 만들어 수도원과 계곡은 2000년 유네스코 세계문화유산에 등재됐다. 아자트 계곡은 화산 용암이 굳어서 만들어진 독특한 형상의 주상절리를 보여준다. 세계 최대 규모를 자랑하는 아자트 주상절리는 육각형 돌기둥들이 균형 잡힌 모습으로 절벽에 빼곡히 세워져 한 폭의 산수화를 보는 듯 기이하고 경이롭다.

아르메니아의 상징과 같은 게하르트 수도원은 4세기에 지어져 9세기에 아랍인들의 침입 때 파괴되었다가 13세기에 다시 현재의 모습으로 재건되었다. 중세 건축 양식과 장식 예술이 고스란히 보존된 수도원에는 많은 성물들이 보관되어 있다. 1250년 사도 유다Judah가 기부했다고 알려진 십자가에 매달린 예수를 찌른 로마 병사의 창이 보관되어 있어 순례자의 발길을 멈추게 한다. 교회 안으로 들어서면 검은 바위를 깎아 만든 예배당의 미로가 이어진다. 절벽을 그대로 깎아서 부조로 십자가를 만들고 빛이 들어오도록 창문을 낸 것을 보고 있으면 그들의 신앙심에 경외감이 든다. 얼마나 깊은 믿음으로 오랜 세월 거대한 바위를 깎고 또 깎았을지 짐작하기 어렵다. 한 곳에는 화려한 십자가 장식을 한 석조 제단이 있다. 벽과 바닥이 한 덩어리로 흐르듯 조각되어 있어 빚은 이의 재주에 놀라게 된다. 동굴 성가대가 부르는 성스러운 전례 음악은 큰 울림으로 다가온다.

아르메니아를 여행하면 제일 먼저 지천으로 널려 있는 이름 모를 아름다운 꽃들이 반긴다. 이런 목가적 풍경과 오래된 건물들이 여행객을 사로 잡는다. 언제나 긍정적이고 선한 마음씨를 간직한 사람들을 만나면 여행의 기쁨은 배가 된다. 어둠 가득한 역사적 운명을 등지고 온고지신溫故知新의 삶을 살아가는 아르메니아 사람들은 앞으로도 신의 이름으로 그들의 땅을 지켜 갈 것이다.

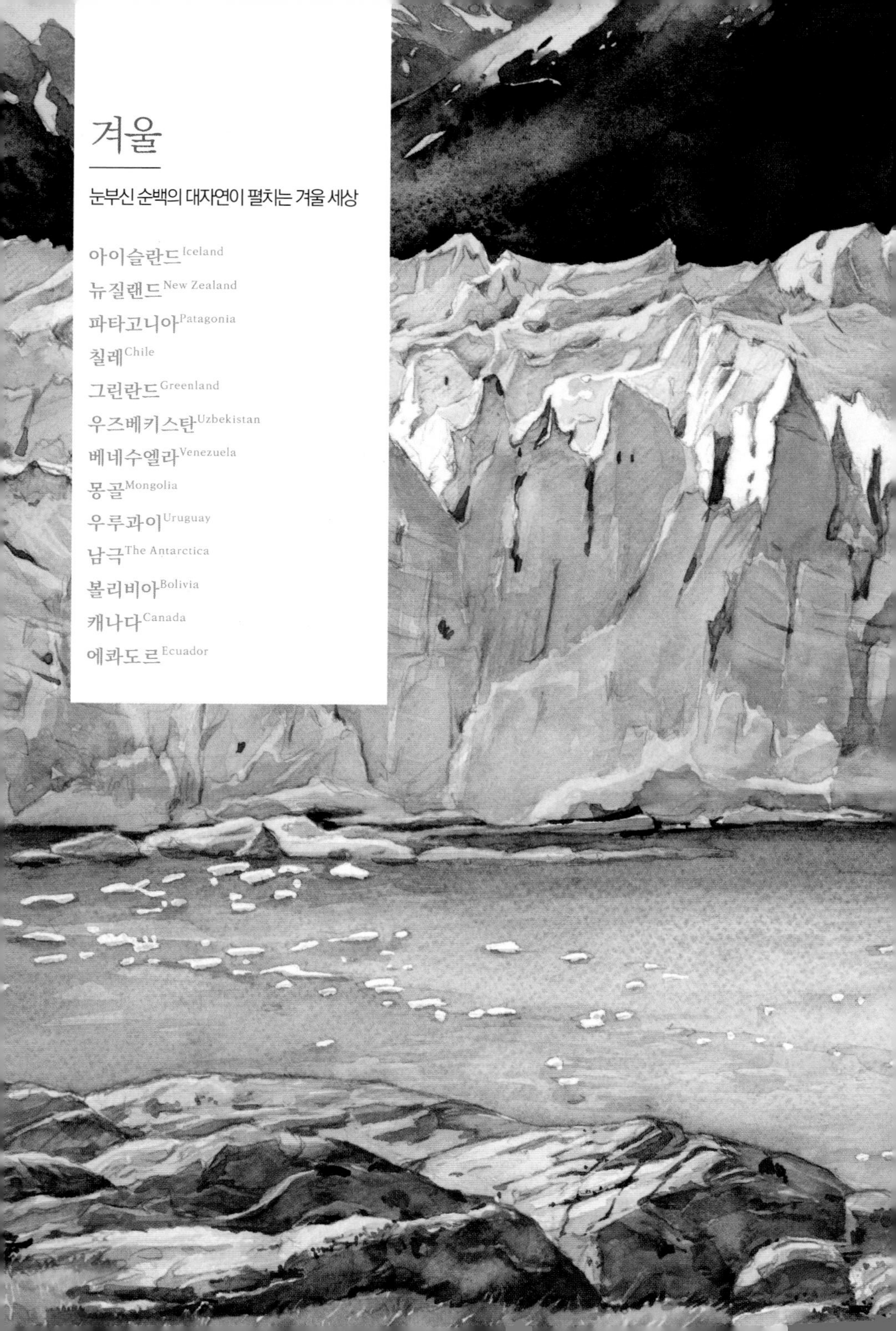

겨울

눈부신 순백의 대자연이 펼치는 겨울 세상

아이슬란드 Iceland
뉴질랜드 New Zealand
파타고니아 Patagonia
칠레 Chile
그린란드 Greenland
우즈베키스탄 Uzbekistan
베네수엘라 Venezuela
몽골 Mongolia
우루과이 Uruguay
남극 The Antarctica
볼리비아 Bolivia
캐나다 Canada
에콰도르 Ecuador

신비스럽고 장엄한 빙하의 세계

아이슬란드Iceland

인간은 누구나 무한한 잠재력과 가능성을 가지고 있다. 남들과 똑같은 그림을 그리려고 애쓰거나 남과 비교해서 저울질하는 인생은 불행해질 수밖에 없다. 자신의 목소리로 노래 부르고 자신의 붓으로 그림을 그려 나갈 때 잠재력은 발휘되고 가능성의 문은 열린다. 삶은 하나의 멋진 예술이다. 누구나 자신만의 화폭에 제 빛깔과 향기로 그림을 그릴 수 있다. 타인을 따라가는 삶이 아닌 스스로의 주인이 되어야 원하는 꽃을 피우고 열매 맺을 수 있다.

북유럽의 북서쪽 끝 섬나라 아이슬란드는 스칸디나비아 반도, 영국, 아일랜드와 그린란드 사이 바다 한가운데에 있다. 울퉁불퉁한 해안선은 4,800km 이상 된다. 아이슬란드에서 가장 가까운 유럽 국가는 남동쪽으로 800km쯤 떨어진 영국의 스코틀랜드다. 아이슬란드는 북반구에서 위도가 가장 높은 곳에 위치하며 남극점에서 가장 멀리 떨어져 있다. 난류의 영향으로 같은 위도상의 다른 나라보다 온화한 해양성 기후를 보여 여름 평균 기온은 10℃, 겨울 평균 기온은 1℃ 정도로 겨울이 길지만 극한의 추위는 없다. 여행하기 좋은 시기는 날씨가 건조하고 축제가 많이 열리는 5월에서 9월 사이이다. 백야를 즐길 수 있어 북유럽의 매력을 만끽하기에 그만이다. 11월에서 4월은 환상적인 오로라도 볼 수 있어 여행에 진심인 사람들은 겨울 투어를 떠나기도 한다. 2016년 아이슬란드 겨울 여행은 오로라를 즐겼던 기억이 생생하다.

무인도였던 아이슬란드 땅에 처음으로 발을 들여놓은 사람들은 875년경 아일랜드의 은둔자들이었다고 전해진다. 9세기 말에 노르웨이인들이 섬에 도착하면서 은둔자들은 떠나고 본격적으로 사람이 살기 시작했다. 바이킹의 후예인 그들은 이곳으로 이주하면서 노르웨이 품종의 양을 함께 데려왔다. 양은 아이슬란드를 구해 준 고마운 동물이자 아이슬란드인에게 없어서는 안 될 중요한 식량이 되었다. 아이슬란드에서 녹지는 전체 면적의 25%에 불과하다. 대부분은 화산 지역으로 약 200여 개에 달하는 화산이 있어 사람이 살 수 있는 곳은 제주도의 절반 정도밖에 안 될 정도로 인구 밀도가 낮다.

아이슬란드는 상상이 현실이 되는 다양하고 경이로운 자연환경을 가진 나라다. 웅장하고 광활한 풍경들은 숨이 멎을 지경이다. 그래서 '인터스텔라', '배트맨 비긴즈', '오블리비언', '프로메테우스', '왕좌의 게임' 등 유명 영화 촬영지로 선택 받기도 한다. 해가 짧은 겨울은 추위와 함께 야성적인 분위기를 자아내고, 때때로 신비의 오로라를 선물하기도 한다. 어디를 가나 뜻밖의 풍경과 마주하면서 세속의 번뇌를 내려놓게 하고 자연이 주는 황홀경에 빠져들게 하는 매력을 가진 나라가 바로 아이슬란드다.

아이슬란드의 풍광들은 마치 이 세상의 경치가 아닌 외계에 온 듯 경이롭다. 특히 거대한 빙하를 바라보고 있노라면 대자연의 위대함에 절로 겸손해진다. 아이슬란드에는 바트나요쿨Vatnajokull 국립 공원이 있다. 요쿨jokull은 아이슬란드어로 빙하를 뜻한다. 이 국립 공원은 2008년에 설립되었고, 설립 당시 공원은 아이슬란드 면적의 약 14%를 차지하는 12,000km였는데 지금은 지구 온난화로 빙하가 녹으면서 면적은 점점 더 커지고 있다. 이곳에는 '호수의 빙하'라는 의미 그대로 호수에 떠 있는 빙하를 볼 수 있다. 또 크리스털 케이브Crystal Cave라 불리는 바트나요쿨 남쪽 면의 얼음동굴을 방문할 수도 있다. 빙하의 두께는 400m에서 1km나 된다. 1996년 이곳의 화산이 폭발해 빙하가 한꺼번에 녹아내려 대홍수가 난 적이 있었다. 아이슬란드 사람들은 집채만한 얼음덩어리가 물과 함께 하류로 내려와 삼각주의 다리들을 모두 떠내려 보낸 대재앙을 경험하기도 했다.

바트나요쿨 국립 공원에서 관광 포인트는 빙하 트레킹과 빙하 호수인 요쿨살론Jokulsarlon에서 바다사자도 보고, 겨울에는 얼음동굴 관광이 별미로 꼽힌다. 아이슬란드 동남쪽에 위치한 요쿨살론 호수는 맑고 깨끗해 투명한 빛깔을 띠고 있어 보는 것만으로도 정화가 되는 느낌이다. 약 3시간 정도 걸리는 얼음동굴 투어는 이색적인 경험이 아닐 수 없다. 빙하 위를 걸을 수 있는 크램폰과 헬멧으로 무장을 하고 곳곳에 숨어 있는 빙하동굴의 아름답고 신비한 빛깔과 마주하면 절로 탄성이 나온다.

란드만날라우가르 © 의자

얼음동굴 투어는 빙하 표면이 녹아 생긴 물줄기가 틈 사이로 흘러내리는 풍경을 감상할 수 있고, 흐르는 물이 만들어 낸 크고 작은 동굴 모양의 물길도 볼 수 있다. 빙하 속 얼음이 녹고 얼기를 반복하면서 만들어진 얼음동굴은 똑같은 동굴은 하나도 없고 각각의 얼음이 마치 사람의 지문처럼 단층과 형태가 모두 다르다. 얼음층이 두꺼울수록 빛이 적어 짙은 남색을 띤다. 햇빛이 많이 투과할수록 파랑색, 하늘색, 녹색 등 다양한 색의 조화를 이룬다. 이 아름다운 빙하가 지구 온난화로 자꾸 녹고 있다니 안타까울 뿐이다.

아이슬란드에는 여름에만 열리는 땅이 있다. 아이슬란드에서 가장 아름다운 자연 경관 중 하나로 꼽히는 란드만날라우가르Landmannalaugar이다. 화산 활동과 지열 활동의 영향으로 만들어진 특별한 지형을 갖고 있는 란드만날라우가르는 화산암과 얼음, 강과 폭포 등이 섞여 다양한 색상을 연출해 낸다. '불, 물, 바위의 나라'라고도 불리며, 높은 산, 화산, 계곡, 강 등이 만들어 내는 자연의 아름다움을 즐기려는 사람들에게는 꼭 방문해 볼 만한 가치가 있는 곳이다.

거칠고 황량한 대지와 천년의 시간이 담긴 신비로운 빙하를 가진 나라 아이슬란드. 아이슬란드는 마치 외계 행성에 불시착한 듯한 착각이 들게 한다. 오로라의 신비로움이 가슴을 뛰게 하고 어느 곳에서나 맑고 투명한 풍경들을 그려 내는 아이슬란드 여행은 두 눈과 귀를 즐겁게 하는 신비로운 체험임에 틀림없다.

청정 자연을 간직한 마오리 족의 성지

뉴질랜드New Zealand

감정의 파도가 마음의 수면에 들이칠 때 성난 파도에 휩쓸리지 않으려면 어떻게 해야 할까. 우선 잔잔한 마음으로 사물을 바라보아야 한다. 매 순간 사람이나 사물을 대할 때 감정의 파도에 따라 한쪽만 바라보거나 기울어짐 없이 수평의 마음을 가지려고 노력해야 한다. 세찬 파도는 본래 모습을 잃어 버리게 하여 자칫 왜곡된 시선으로 사물을 바라보게 할 위험이 있기 때문이다. 여행은 우리로 하여금 길에서 만나는 수많은 풍경들과 사람들을 바로 볼 수 있도록 하는 안목을 갖게 한다.

청정 자연을 간직한 뉴질랜드는 오스트레일리아 남동쪽에 위치하며 국토는 남섬과 북섬의 2개 주요 섬과 작은 섬들로 이루어져 있다. 국민의 대다수는 유럽계이지만 원주민 마오리Maori 족은 이 나라에서 중요한 포지션을 차지한다. 영어와 마오리어를 공용어로 사용하며 문화는 유럽풍이 강하면서도 마오리 족의 전통 문화와 예술을 접목한 복합적 요소를 갖고 있다.

뉴질랜드의 두 개 큰 섬은 각기 다른 특징을 갖고 있다. 북섬은 화산이 있는 불의 섬인데 반해 남섬은 빙하가 있는 얼음의 섬으로 대조적이다. 북섬에는 화구가 6개인 1,967m 높이의 통가리로Tongariro 화산, 고깔모자를 닮은 2,291m의 나우루호에Ngauruhoe 화산, 가장 높은 2,797m 높이의 루아페후Ruapehu 화산 등이 있다. 이들 화산은 여름에는 등산객이, 겨울에는 스키를 즐기려는 관광객이 즐겨 찾는다. 남섬에는 빙하가 만든 계곡과 호수들이 아름다운 풍광을 펼친다.

1994년 뉴질랜드 여행은 청정 자연을 감상할 수 있어서 무척 행복했다. 드넓은 푸른 초원과 바다, 양떼들이 맘껏 뛰놀며 아름다운 천혜의 자연환경을 간직한 '지상의 유토피아'라 불릴 만했다. 뉴질랜드는 자연을 지키기 위해 노력을 게을리하지 않는다. 원주민 마오리 족의 독특한 전통과 문화를 존중하고 무공해 자연을 누리며 풍요와 순수함으로 가득한 곳이 바로 뉴질랜드이다. 뉴질랜드 사람들의 자연을 소중히 여기는 마음은 그들의 큰 자부심으로 자리잡고 있다.

북섬에는 대표적인 명소로 1894년 뉴질랜드 최초의 국립 공원으로 지정된 통가리로 국립 공원이 있다. 1990년 세계자연유산에 등록된 이곳은 원주민 마오리 족이 신성시하는 성지이다. 특히 국립 공원의 문화적 가치를 높이 평가하여 1993년 문화유산 등록 기준을 추가적으로 적용하여 세계 최초 복합 문화유산으로 지정되기도 했다. 통가리로 국립 공원은 마오

통가리로 국립 공원 © 의자

리 족에게 믿음의 성지로 성스러운 의미가 담겨 있는 지역이다. 마오리 족 소유였던 이곳 성지를 잘 가꾸고 보존해 주기를 희망하면서 뉴질랜드 정부에 공원을 기증했다. 뉴질랜드 정부는 마오리 족의 뜻을 받들어 아름답고 경이로운 자연환경을 잘 보존하고 그들의 전통문화를 존중하며 계승하고 있다.

뉴질랜드의 대표적인 스키 명소와 트레킹 장소로 손꼽히는 통가리로 국립 공원은 숲이 거의 없다. 황량한 바위투성이의 풍경이지만 살아 있는 에너지와 장엄하고 특이한 자연 풍광을 경험할 수 있다. 국립 공원의 얼굴이라 불리는 루이페후Ruapehu 산의 신비로운 경관과 통가리로 산 정상에 있는 에메랄드색으로 빛나는 화산 호수는 순례객의 눈길을 끌기에 충분하다.

통가리로 국립 공원의 산 정상에는 다양한 분화구와 화구호가 형성되어 있다. 기슭으로 내려오면 화산 지형의 독특한 용암대를 비롯해 초원, 호수, 폭포 등 다양한 풍경이 펼쳐진다. 통가리로 국립 공원은 지루할 틈이 없이 새로운 풍경들이 바뀐다. 대자연을 경험하기 위해 트레킹 마니아들에게 인기가 높다. 영화 '반지의 제왕'을 비롯해 유명 영화의 촬영지가 되고 있는 통가리로 국립 공원에 있는 화산들은 지금도 열기를 뿜으며 살아 있음을 증명하고 있다. 청정한 자연이 살아 있는 통가리로 국립 공원 일대는 약 500종의 고산 식물과 자생 포유류 등 다양한 동식물이 살고 있는 뉴질랜드 생태의 보고이기도 하다.

검붉고 기괴하게 생긴 분화구는 당장이라도 땅을 흔들며 용암을 분출할 것처럼 살아 숨쉬는 통가리로 국립 공원. 호수를 감상하면서 분화구를 걸어가며 와일드한 트레킹을 즐기는 사람들에게는 오히려 멋져 보이는 풍경이다. 여행도, 인생도 그렇다. 두려워하지 말고 안 되는 걸 마음속에 담아 둘 필요 없이 화산처럼 훌훌 태워 날려 버리면 어떨까. 청정 자연을 잘 가꾸며 간직하고 있는 뉴질랜드는 어디를 가나 깨끗한 천혜의 자연 풍경이 있어 여행객을 흐뭇하게 한다.

세상의 끝에서 만난 바람의 땅

파타고니아Patagonia

삶은 끊임없는 현재인데 우리는 자꾸만 과거에 머무는 습성이 있다. 순간순간 현재로 살아가지 않고 어두운 과거에 연연하는 삶은 인생을 역행하는 일이다. 과거는 이미 지나간 시간이기에 지워야 하는 그림이다. 몸은 현재에 살고 있으면서 과거의 그림자에 발목 잡혀 안간힘을 쓰는 것은 정말 부질없는 짓이다. 과거에 집착하는 어리석음에 휩싸일 때 현재를 살기 위한 여행을 떠나 보자. 여행은 온전히 바로, 지금, 여기서, 새롭게 살게 해 주는 힘이 있으니까.

1998년에 여행한 남아메리카 대륙에서 가장 남쪽 끝에 위치한 파타고니아 땅을 밟은 일은 가슴 뛰는 일생일대의 사건처럼 느껴졌다. 세상에서 가장 청정하고 신비한 대자연을 품고 있는 미지의 땅을 밟는 일은 결코 쉽지

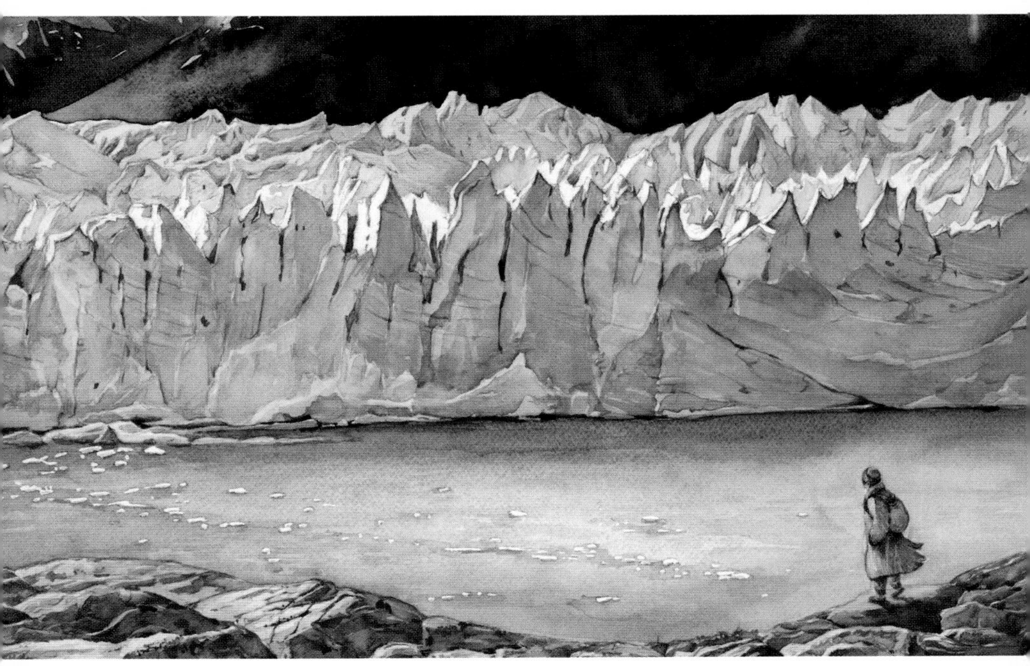

모레노 빙하 © 의자

않다. 파타고니아는 16세기 포르투갈 탐험가 페르디난도 마젤란Ferdinand Magellan에 의해 발견되었다. 그가 처음 이곳에 도착했을 때 원주민들의 모닥불을 보고 '불의 땅'이라고 이름 지었지만 원주민들은 유럽인을 보고 파타곤Patagón이라는 거인이 산다고 해서 파타고니아로 불렀다고 한다. 한때 찰스 다윈은 이곳에 머물며 거대한 멸종 동물의 유골을 수집했다. 그는 '거인의 땅'이었다는 신화를 뒷받침하기라도 하듯 환경에 유리한 형질이 살아남아 새로운 종種이 생겨난다는 자연선택설이라는 이론을 발표하기도 했다.

파타고니아는 아르헨티나와 칠레 두 나라에 걸쳐 있는 남쪽 지역을 말한다. 남쪽으로 더 내려가면 마젤란 해협Strait of Magellan이 파타고니아의 끝과 아르헨티나 본토를 가르고 있다. 지금도 여전히 미지의 세계로 남아 있는 파타고니아는 예전보다는 이동하기가 쉬워졌지만 여전히 신화적인 모습을 간직하고 있다. 여행은 아르헨티나와 칠레를 통해 로드 트립을 하거나, 크루즈로 끝에서 끝으로 항해하거나, 비행기로 이동할 수 있다.

아르헨티나 쪽에서 파타고니아의 가장 여유로운 관광 중 하나는 가파른 산 마르틴 데 로스 안데스San Martin de Los Andes에서 안고스투라Angostura로 이어지는 로드 트립이다. 그 경로를 이동하다 보면 아름다운 푸른빛 호수가 그림처럼 펼쳐지고 호수에 있는 국립 공원도 구경할 수 있다. 남쪽으로 더 내려가면 남부 안데스 산맥의 아르헨티나 트레킹 성지, 엘 찰텐El Chalten 마을에 다다를 수 있다. 이곳에서 환상적인 하이킹을 하거나 분위기 있는 피츠 로이Fitz Roy 산의 더 높은 전망대에 오를 수도 있다. 칠레 쪽에서 많이 가는 코스는 토레스 델 파이네Torres del Paine 국립 공원으로 가는 것인데 이곳에서도 트레킹과 빙하를 함께 즐길 수 있다.

파티고니아를 여행하는 여행객들은 대부분 아르헨티나의 항구 도시 우수아이아Ushuaia까지 비행기를 타고 이동하여 세상의 끝에서 운행하는 기차를 타고 티에라 델 푸에고Tierra del Fuego 국립 공원으로 가곤 한다. 이곳으로 향하는 더욱 멋진 방법은 대서양과 태평양을 잇는 비글Beagle 해협을 따라 크루즈를 타는 것이다. 이것은 남극을 가장 가까이 체험하는 방법이기도 하다. 인근에 있는 레스 에클라이레우르스Les Eclaireurs 등대는 수백 년 동안 칠레로 가는 길의 불을 밝혀 왔다고 한다. 칠레로 건너가 더 많

페리토 모레노 빙하 © 김찬주

은 모험이 기다리는 파타고니아의 서쪽 지역을 탐험할 수도 있다. 칠레 쪽에 있는 파타고니아 대부분은 삼림, 호수, 눈으로 덮인 산과 강, 화산이 풍경을 이룬다. 이 거대한 지역의 반 이상은 야생 동물 보호 지역으로 지정되어 있어 어디를 가든 사람의 손이 닿지 않은 순수 태초의 자연 그대로를 만날 수 있다.

파타고니아에서 가장 유명한 관광은 바로 페리토 모레노Perito Moreno 빙산을 감상하는 일이다. 유네스코 세계자연유산으로 지정된 로스 글라시아레스Los Glaciares 국립 공원에 있는 페리토 모레노 빙하를 보는 일은 그 무엇과도 견줄 수 없이 설레는 일이다. 3만 년의 역사를 지닌 이곳 빙하는 자연이 만든 걸작품이라 불릴 만하다. 미끄러운 얼음 위를 아이스 트레킹을 하거나 인근의 안전한 전망대 위에서 끊임없이 변화하는 빙산의 모습을 감상하고 있으면 저 세상에 온 듯 신비롭다. 때때로 대자연의 아름다움은 언어로 설명하기 어렵다. 세계에서 세 번째로 큰 해수 보호 구역인 이곳에는 해발 6m가 넘는 솟아 오른 빙산도 있고, 물과 바람으로 만들어진 물 위에 뜬 거대한 빙산도 있다. 병풍처럼 둘러싸여 무리지어 있는 빙산은 한 폭의 그림이다. 지구상에서 가장 거대하고 환상적인 얼음 조각품과 마주한 시간은 영원히 잊지 못할 것이다.

자연이 만들어 낸 최상의 걸작품을 품고 있는 남미의 끝자락 파타고니아. 얼음과 바람의 땅에서 펼쳐지는 매혹적인 아름다움은 그 무엇과도 견줄 수 없다. 거대한 화산의 경이로움과 우뚝 솟은 빙산, 신비로운 빙하와 수평선 위로 비상하는 콘도르condor, 외로운 목동 가우초gaucho들의 매혹적인 삶의 풍경들, 웅장한 경치와 야생 동물들이 평화롭게 공존하며 대자연의 전설을 간직하고 있는 파타고니아는 어디를 가나 순수한 아름다움으로 가득하다. 이 놀라운 대자연 앞에서 인간은 얼마나 초라한 존재인가.

빙하 앞에서(1998년)

천년 세월을 묵묵히 지켜 온 수백 구의 거대한 석상들

칠레Chile

불교에서는 시간을 무상살귀無常殺鬼라고 표현한다. 시간이란 무상함을 잡아먹는 귀신이라는 말이다. 결국 세월의 덧없음을 뜻한다. 시간은 누구에게나 공평하다. 부자라고 해서 시간을 돈 주고 살 수도 없고, 가난하다고 해서 시간을 다 빼앗기지도 않는다. 누구에게나 공평하게 주어지는 시간이라는 개념을 어떻게 받아들여야 할까. 시간을 떼어놓고 보면 한 찰나에 불과하지만 찰나찰나들이 모여 긴 시간이 되는 것이다. 그렇기에 한 찰나에는 영원이란 시간이 들어 있다. 값진 시간이 되기 위해서는 우선 시간을 낭비하지 말아야 하리라. 시간은 다시 오지 않으니까.

남아메리카 대륙에는 세계에서 가장 길고 날씬한 나라가 있다. 안데스 산맥과 태평양 사이 남북으로 쭉 뻗어져 있는 칠레다. 북쪽에서 남쪽까지의 길이가 약 4,300km이고, 폭은 어느 곳도 349km를 넘지 않는다. 태평양 해안선이 서쪽 경계를 이루고 페루, 볼리비아, 아르헨티나와 국경을 접한다. 16세기 스페인 정복 이전까지 인디언 종족이 거주했다. 남미의 대부분 나라가 브라질과 국경을 접하고 있는데 반해 칠레는 브라질과 국경을 마주하지 않는 점도 특이하다. 1998년 6개월의 남미 여정에서 만난 칠레는 독특한 자연 환경과 그들만의 민족적 특성을 지닌 무척 인상적인 나라였다.

큰 강들과 호수, 최남단 해안에는 많은 만灣과 섬, 군도들을 간직하고 있는 칠레는 '불의 고리'라 불리는 활화산을 가진 나라다. 남아메리카 대륙 최남단에 위치하고 있는 혼곶Cape Horn이 있는 티에라델푸에고Tierra del Fuego 제도의 서쪽 후안페르난데스Juan Fernandez 군도와 이스터Easter 섬 등은 칠레 영토에 속한다. 후안페르난데스 군도 일부는 소설 『로빈슨 크루소』 표류기의 무대가 되어 섬 이름도 로빈슨 크루소로 부른다.

칠레 이스터 섬에는 특별한 석상石像이 있어 눈길을 끈다. 해안으로부터 3,800km 떨어진 이스터 섬은 남태평양에 홀로 떠 있는 외로운 섬이다. 1722년 네덜란드인 로게벤Jacob Roggeveen이 이 섬을 처음으로 발견하여 세상에 알려지게 되었다. 이 섬에는 특이한 사람 얼굴 모양을 한 모아이Moai 석상이 세워져 있다. 누가, 어떻게, 왜 이 석상을 세웠는지 여러 가지 전해 오는 이야기가 있다. 석상은 7세기부터 1,000년에 걸쳐 이곳에 사는 폴리네시아계 원주민 용사들이 조각한 것으로 추정한다. 칠레는 이곳에 있는 석상과 분묘 등의 유적군群을 보존하기 위해 라파 누이Rapa Nui 국립 공원으로 지정하여 보호하고 있다. 라파 누이란 원주민들이 부르는 이스터 섬의 이름으로 '커다란 섬'이라는 뜻을 갖고 있다. 이곳에 있는 석상과 분묘

이스터 섬 모아이 석상 © 의자

군은 폴리네시아 원주민들의 삶과 독창적인 고유 전통을 잘 간직하고 있어 1995년 유네스코 세계문화유산으로 등록되었다.

이스터 섬을 세계적으로 유명하게 만든 모아이 석상은 종교 의식으로 지역을 지켜 주는 수호신 같은 존재로 신성한 조상을 상징한다고 믿는다. 한 방향을 향해 서 있는 석상의 크기는 3~20m인 것까지 다양하고, 얼굴 모양과 형태도 각각 다르다. 비탈진 내리막에 구덩이를 파고 단단한 현무암으로 만들어 세워 둔 모습이 그야말로 수호신의 모습 그대로이다.

라파누이 국립 공원 모아이 석상 © 김찬주

부족의 수호신을 뜻하는 모아이 석상을 각 부족들이 경쟁적으로 만들어서 크기도 점점 커지고 숫자가 많아졌다고 한다. 수천 개가 넘는 모아이 석상은 16~17세기에 일어난 부족 항쟁으로 대부분 파괴되었다. 신성한 힘을 가지고 있다고 믿었던 모아이의 눈을 모두 뽑아 버려 눈을 가진 모아이는 마을의 북쪽 아우 타아이Ahu Tahai에 있는 '아우 코테리쿠'가 유일하다. 현재 모아이는 900여 개 가량이 남아 넓은 초원에 흩어져 장관을 이룬다. 제주도를 연상케 하는 이스터 섬에는 모아이 석상과 함께 제단의 역할을 했던 아우Ahu가 있다. 아우는 약 260여 개가 남아 있다. 전형적인 아우는 길이

45m, 너비 2.7m, 높이 2.4m의 모습을 갖추고 있다.

천년이 넘는 세월 동안 외부의 영향을 전혀 받지 않고 철저하게 고립된 상태로 발전하며 고유한 전통과 문화를 간직한 이스터 섬. 이곳에서 끝없는 파도 소리를 들으며 그 자리를 지켜 온 수백 구의 거대한 석상을 보고 있노라면 세월의 무상함이 절로 느껴진다. 화산 활동으로 만들어진 지형과 아름다운 바다를 간직한 채 섬을 지키고 있는 석상들은 굳게 입을 다문 채 무표정한 얼굴로 무슨 생각을 하고 있는 걸까. 바다를 등지고 서서 지그시 내려다보는 그 눈빛은 마치 속세를 초탈하고 깨달음을 향해 무아의 경지에 도달하려는 수행자처럼 보인다. 드넓게 펼쳐진 초원 사이의 분화구를 오르내리고 쪽빛 바다를 바라보며 산책하는 기분은 세상 그 무엇과도 바꿀 수 없는 대자유 그 자체다.

눈부신 순백의 거대한 자연에 펼쳐지는 오로라 세계

그리란드Greenland

인간은 말에 의해 움직이는 동물이다. 칭찬의 말을 들으면 기분이 좋아져 금방 우쭐해지다가도 비난의 말을 들으면 기분이 나빠져 분노하게 된다. 강력한 말 한마디는 운명을 바꿀 수도 있다. 말의 힘은 그 무엇보다 강하다. 그래서 '말로서 업業을 짓는다'고 하는 것이다. 좋은 말은 참된 기도를 올리는 것과 같다. 칭찬의 말, 감사의 말, 사랑의 말, 축복의 말, 밝은 말, 고운 말, 긍정의 말, 희망의 말 등 좋은 말을 할 때 그것은 바로 강력한 기도가 된다. 날마다 좋은 말로 하루를 시작해 보자.

그린란드는 지구상에서 가장 큰 섬나라이다. 북아메리카 북동부 대서양과 북극해 사이에 있는 전 국토의 대부분이 북극권 안에 있다. 캐나다의 엘즈미어Ellesmere 섬으로부터 북쪽으로 26km 떨어져 있고, 남동쪽에 있는 덴

그린란드 풍경 © 김찬주

마크 해협 너머 320km 지점에 위치해 있다. 그린란드는 주권 행사와 외교 관계와 국방에 대한 통제권은 덴마크가 갖고 있지만 재판권과 조세·교육·사회복지체계·국교에 대한 자치권을 보장받고 있다. 바다 물범과 고래, 순록, 북극여우 등이 살며 납, 아연 등 다양한 광물 자원이 풍부하게 매장되어 있다.

그린란드는 남극 대륙 다음으로 국토의 85%가 거대한 빙하와 빙산으로 둘러싸여 있다. 연평균 기온이 -30℃로 한여름에도 영하의 기온을 유지하는 빙설 기후가 나타난다. 빙하의 두께는 평균 약 1,500m로 가장 두꺼운 곳은 3,000m나 된다. 그린란드는 사람이 살기에는 척박한 땅이지만 주민들의 대부분은 해안 정착지에 모여 산다. 주민은 에스키모Eskimo인이라 불리는 이누이트Inuit 원주민과 덴마크에서 이주해 온 사람들이 공존하고 있다. 에스키모인들은 BC 3,000년경부터 그린란드로 이주해 오기 시작했다. 그린란드 국립 박물관에는 500년의 역사를 품은 이누이트 미라가 있다. 인간은 환경에 적응하는 동물임을 입증하듯 그린란드 이누이트인들은 전통적인 주거 형태와 음식, 의상 등 그들만의 독특한 문화를 가지며 북극곰, 늑대, 산양 등과 함께 척박한 환경에 맞서며 살아가고 있다.

그린란드라는 이름은 중세 시대 이곳에 정착한 바이킹이 지은 이름이다. 그린란드라는 이름에는 두 가지 설이 있다. 그들은 정착 가능한 해안가를 먼저 발견해 '초록색의 땅'이라는 의미로 그린란드라는 이름을 붙였다는 설이 있고, 풍요로운 땅인 것처럼 보이려고 이 이름을 붙였다는 이야기도 있다. 실제로 그린란드는 초록보다는 흰색의 빙하가 덮여 있어 그들의 소망을 담은 이름이 아닐까. 그린란드 전체에 사람이 사는 마을은 100여 곳에 불과하고 인구가 2만 명을 넘는 마을은 한 곳도 없다. 게다가 사람이 살지 않는 마을도 존재한다.

그린란드 여행은 남극과는 달리 별다른 제약 없이 방문할 수 있다. 다만 덴마크를 경유하거나 아이슬란드를 경유해서 그린란드 캉에을루수아크Kangerlussuaq 공항에 도착해 다시 경비행기나 해로를 이용해야 목적지에 다다를 수 있다. 2017년 오로라를 보기 위해 오랫동안 계획했던 그린란드 여행을 실행할 수 있었다. 그린란드에는 도로가 없기 때문에 육로로 이동하는 게 불가능하다. 겨울철에는 태양이 지평선 위로 올라오지 않는 극야 현상이 일어나 하루종일 어둡고 추운 날씨 탓에 여행이 매우 어렵다. 여름

오로라 © 의자

철에만 여행이 가능하다. 얼음으로 뒤덮힌 내륙 지역은 사실상 방문하기 어렵다. 해안과 가까운 지역에서 대자연과 마주하며 빙하 지형을 트래킹하거나 스노우 모빌을 타며 설원을 누빌 수도 있다.

그린란드 여행의 백미는 서부에 위치한 일룰리사트Ilulissat에서 얼음 피오르Icefjord를 감상하는 것이다. 2004년 세계문화유산으로 등재된 일룰리사트 피오르가 만들어 내는 경이로운 자연 현상을 보면 한순간 마음을 빼앗기지 않을 수 없다. 피오르는 빙하 침식으로 만들어진 골짜기에 빙하가 없어진 뒤 바닷물이 들어와서 생긴 좁고 긴 협만峽灣을 말한다. 일룰리사트 디스코 만에는 빙산 꼭대기에 생긴 거대한 구멍에서 얼음이 녹아 옥빛 물이 고여 장관을 이룬다. 거대한 빙상氷床과 빠르게 흐르는 빙류氷流가 얼음으로 뒤덮인 피오르로 떨어져 나가면서 엄청난 굉음과 함께 쉽게 잊을 수 없는 경이로운 장면을 연출하는 것이다.

그린란드와 남극 대륙에서만 경험할 수 있는 이 장면을 보기 위해 관광객이나 과학자들이 쉽지 않은 여행길에 오른다. 그린란드에서 가장 유명한 관광지로 꼽히는 일룰리사트 피오르는 바위나 얼음이 바다와 함께 일렁이며 내는 극적인 음향과 자연의 아름다운 경관을 정면에서 감상할 수 있도록 배려하고 있다.

거대한 빙하와 아름다운 북극광 오로라를 볼 수 있는 그린란드. 순록을 끌며 설원을 달리는 대자연이 펼치는 태초의 원시 풍경과 마주하는 그린란드 여행은 그 자체만으로도 신기하고 경이롭다. 일 년 내내 뾰족한 지붕 위로는 흰 눈이 덮여 있고 알록달록 원색으로 장식한 집들이 한 폭의 그림처럼 빛나는 그린란드에는 얼음 땅에서 추위를 견디며 순수한 사람들이 옹기종기 모여 사는 동화 같은 풍경과 마주할 수 있다.

경비행기 앞에서(2017년)

오로라를 배경으로(2017년)

실크로드의 중심지에 꽃핀 찬란한 이슬람 문화

우즈베키스탄Uzbekistan

세상을 여행하다 보면 다양한 문화를 만나게 된다. 문화는 그 시대 토양과 사람들의 삶을 고스란히 담고 있어 그들만의 독특한 색깔과 향기가 배어 있다. 문화는 좋고 나쁘다는 잣대로 단정지을 수 없는 고유한 특징을 가진다. 문화를 저급하다거나 고귀하다고 우열을 가려서는 안 된다. 문화는 다만 다를 뿐이지 틀림의 영역으로 매도할 일은 아니다. 문화를 올바로 대하는 태도와 안목이 필요하다. 문화에 대한 고정 관념은 엄청난 오해와 편견을 불러일으키기에 위험하다. 여행은 우리가 가진 문화에 대한 고정 관념을 깨부수고 따듯한 애정의 시선으로 바라보게 한다. 다른 가치를 받아들이고 진정한 문화인으로 거듭나게 하는 여행이야말로 그 무엇보다 값진 일이다.

1991년 소련으로부터 독립한 우즈베키스탄은 북쪽과 서쪽으로 카자흐스탄, 동쪽과 남동쪽으로는 키르기스스탄과 타지키스탄, 남서쪽으로는 투르크메니스탄과 접해 있다. 남쪽으로는 아프가니스탄과 짧은 국경선을 맞대고 있는 중앙아시아에 위치한 나라다. 우즈베키스탄은 국민의 대부분이 이슬람교를 신앙하며 여러 세기 동안 이슬람 문화의 중심으로 주목받아 왔다. 실크로드의 경유지로 많은 제국의 중심지였던 우즈베키스탄은 찬란한 역사를 지닌 나라답게 중앙아시아 일대에서 가장 많은 유적을 갖고 있다.

2002년부터 다섯 차례에 걸쳐 우즈베키스탄을 여행했다. 우즈베키스탄을 꼭 하루만 여행한다면 반드시 가 봐야 할 도시가 바로 역사 도시 부하라Bukhara이다. 부하라는 우즈베키스탄에서 가장 오래된 도시로 1993년 유네스코 세계문화유산으로 등재된 곳이다. 고대부터 실크로드의 중심지로 번영했던 부하라는 '승려들이 모여서 수행하는 사찰'이란 뜻을 가진 산스크리트어에서 유래한 말이다. 고대에는 인도 쿠샨Kushan 왕조와 중국 사이의 중개 무역을 시작으로 사산Sasanian 왕조와 튀르크 족 사이의 무역으로 번영을 누렸다. 기독교와 마니교의 영향도 많이 받은 국제도시 부하라는 무역뿐만 아니라 기원 전후로 인도의 관개 농업 기술을 도입하여 양질의 과일을 많이 생산하기도 했다.

부하라에서는 이슬람교의 모스크를 비롯해 고대 실크로드와 관련된 유적을 볼 수 있다. 부하라 칼론Kalon 광장은 중앙에는 칼론 미나렛Kalon Minaret, 오른쪽에는 칼론 모스크Kalon Mosque와 왼쪽에는 미르 아랍 마드라사MirArab Madrasa가 한 그룹으로 자리하고 있다. 칼론 미나렛 유적은 부하라의 랜드마크로 12세기 카라 칸Kara Khan의 통치자 아슬란 칸Arslan Khan의 명령에 의해 만들어진 걸작품이다. 칭기즈 칸Genghis Khan의 침략

부하라 칼론 모스크 © 의자

에도 파괴를 면한 칼론 미나렛은 높이가 약 50m이고 바닥 직경은 9m 정도로 거대한 첨탑이다. 첨탑 꼭대기에서 죄인을 주머니에 넣어 집어던지는 관습이 있어 죽음의 탑으로도 유명하다. 구운 벽돌을 쌓아 독특한 문양을 만들어 내고 조각이나 형태도 독보적으로 뛰어나다. 야간에 불빛을 비추면 기하학적 무늬가 신비감을 더한다.

부하라에서 가장 큰 규모의 모스크는 칼론 모스크다. 이 모스크는 중앙아시아에서 가장 큰 모스크 중 하나로 꼽힌다. 칼론 미나렛과 함께 아슬란 칸에 의해 건립되었지만 칭기즈 칸에 의해 파괴되어 16세기 초반에 다시 지어졌다. 넓은 안뜰과 수백 개의 작은 돔, 아치로 구성되어 만 명을 동시에 수용할 수 있다. 주 건축물의 대형 돔은 푸른 빛깔로 지붕을 덮고 있어 멀리서도 유난히 빛난다.

칼론 미나렛, 칼론 모스크와 함께 하나의 그룹을 형성하는 이슬람 국가의 고등 교육 기관 미르아랍 마드라사Mir-i-Arab Medressa는 부하라 칸국의 사이바니Sheibani 왕조 시기인 16세기 초반에 건립됐다. 미르아랍이란 '아랍의 왕자'라는 뜻이다. 이 왕자는 당시 부하라에서 지지를 얻었던 예멘의 왕자 셰이크 압둘라 야마니Sheikh Abdullah Yamani를 지칭한다. 미르아랍 마드라사의 평면은 동서로 긴 직사각형 구조이다. 내부는 일반적인 마드라사와 같이 직사각형의 중앙 정원이 있고, 정원을 둘러싼 건물은 2층 구조로 후즈라hujra라고 불리는 학생들의 기숙사가 있다. 러시아 제국 시대에 대부분의 마드라사들이 폐쇄되었는데 이곳은 지금도 여전히 마드라사로서 제 기능을 하고 있다. 여행객은 안뜰로 들어갈 수 없어 아쉬운 발길을 돌려야 한다.

부하라 여행에서 꼭 들러 봐야 할 중앙아시아에서 가장 오래된 이슬람 건축물은 이스마일 샤마니 영묘Ismoil Somoniy Maqbarasi이다. 사만조 페르시아를 창시한 이스마일 샤마니와 가족들이 묻힌 부하라 주민들이 성스럽게 여기는 곳이다. 9세기 말에 지어진 건물인데, 이 시기에 만들어진 최고의 이슬람 건축물로 손꼽힌다. 이스마일 영묘는 조로아스터교의 불의 사원에서 영향을 받아 화려함의 극치를 보여 준다. 다양한 벽돌 쌓기 기법으로 완벽한 조화를 이루고 포인트마다 달라지는 조적 기법이 신비롭기까지 하다. 내부로 들어서면 화려한 돔이 벽돌 건축의 진수를 보여 준다. 큰 지진에도 무너지지 않고 천년 이상 버티고 있는 대단한 건축물이다.

중앙아시아에서 찬란한 이슬람 문화를 꽃피운 우즈베키스탄. 볼거리가 많은 문화 강국 우즈베키스탄은 다양한 문화를 느낄 수 있는 최적의 여행지다. 고대의 화려한 건축물과 유목민들의 전통 문화와 끝없이 펼쳐진 광활한 초원에서 쏟아질 듯한 별들을 감상할 수 있어 매력을 더한다.

사람의 발길이 닿지 않은 가장 깊은 곳에서 흐르는 폭포

베네수엘라Venezuela

여행을 하다 보면 걱정과 두려움에 휩싸일 때가 있다. 두려움이나 걱정들은 우리를 옭아매는 그물이다. 사람들은 가끔 걱정과 두려움의 그물에 걸려 스스로의 발목을 묶어 버리곤 한다. 아직 오지 않은 일들에 대한 걱정이 이어지면 두려움은 증폭된다. 걱정과 두려움을 극복하기 위해서는 어떻게 해야 할까. 지금 자신이 겪고 있는 걱정거리와 두려움에서 한 발 뒤로 물러나 타인의 시선으로 바라보기를 해 보는 것이다. 잠시 눈을 돌려 걱정과 두려움을 객관적 시선으로 바라보면 의외로 쉽게 떨쳐 버릴 수 있다. 걱정과 두려움은 실체가 없으니까. 여행에서 만나는 걱정과 두려움은 앞으로 나아가는 여행길에 방해가 될 뿐이다.

남아메리카 북부 끝 지역에 있는 베네수엘라는 동쪽으로 가이아나, 남쪽으로 브라질, 서쪽으로 콜롬비아를 경계로 한다. 북쪽과 북동쪽은 카리브 해와 대서양을 마주하고 있다. 국토의 대부분은 붉고 메마른 열대성 토양으로 이루어져 있다. 1498년 콜럼버스가 3번째 항해 중에 베네수엘라의 해안을 발견했고, 그 후 스페인의 탐험가들이 들어오기 시작했다. 16세기에 유럽 식민주의자들이 본격적으로 들어오기 전까지 베네수엘라는 적어도 BC 2,000년부터 원주민들이 고립된 종족으로 해안 지역이나 야노스 Llanos 평원 지역에 흩어져 살고 있었다.

1998년 베네수엘라를 여행하면서 우리와는 사뭇 다른 전통과 문화를 두루 체험했다. 베네수엘라는 나라 이름에 얽힌 재미있는 이야기가 있다. 식민지화가 시작될 무렵 마라카이보Maracaibo 지역의 호수를 찾은 유럽인들은 원주민이 수상생활을 하는 모습이 마치 물의 도시 이탈리아 베네치아를 닮았다고 해서 이 지역을 '작은 베네치아'라는 의미의 '베네수엘라'라고 부른 것이 나라 이름의 유래이다. 300년 동안 베네수엘라는 스페인 식민지로 있으면서 스페인에서 온 성직자와 관료들의 지배를 받았다.

베네수엘라에는 1994년에 유네스코의 세계문화유산으로 등록된 카나이마Canaima 국립 공원이 있다. 이곳에는 원주민 페몬Pemon 인디언이 거주한다. 그들은 사람의 발길이 닿지 않는 원시 미지의 땅에서 고유한 문화를 간직하며 살고 있다. 약 30,000km² 의 면적을 가진 이 국립 공원은 경탄을 자아낼 만한 자연 경관을 품고 있어 세계의 마지막 비경으로 꼽힌다. 특이하게 산꼭대기가 평탄한 모양을 한 탁상卓上 산지山地라 부르는 약 20억 년 전의 지질인 테푸이Tepui 지형들이 그대로 남아 있어 신기하다.

카나이마 국립 공원에서 가장 유명한 것은 물줄기 길이만 808m나 되며 총 979m로 세계 최고 높이를 자랑하는 앙헬 폭포Salto Ángel이다. 토착 인디언 페몬 부족 말로 '악마의 산'이라는 아우얀 테푸이Auyan-tepui의 가파른 절벽을 타고 물이 떨어져 내린다. 원주민을 제외하고 앙헬 폭포를 처음 발견한 사람은 1937년 미국의 탐험가 제임스 엔젤James Angel이다. 남미의 정글을 비행하던 도중 근처 비행장을 찾다가 폭포를 발견해 세상에 알려지기 시작했다. 폭포 명칭도 그의 이름을 따서 엔젤Angel의 스페인어 발음인 앙헬Ángel로 붙여졌다. 원주민들은 '가장 깊은 곳에 있는 폭포'라는 뜻으로 케레파쿠파이 메루Kerepakupai Meru라고 부른다. 앙헬 폭포가 무지개를 그리며 내뿜는 물보라는 '천사의 머리칼'이라고 불릴 정도로 아름다운 경관을 자랑한다.

앙헬 폭포는 영국 BBC 방송에서 '죽기 전에 꼭 가 봐야 할 세계 여행지 50'으로 꼽을 정도로 그 명성이 대단하다. 이곳은 수려한 경치 덕분에 영화 촬영지로도 자주 이용된다. 2009년 칸 영화제의 개막작에 선정된 애니메이션 '업'에서 주인공 칼과 엘리가 모험을 떠나고 싶어하는 거대 폭포가 바로 앙헬 폭포를 모티브로 한 것이다. 베네수엘라 화폐에 앙헬 폭포의 비경을 넣을 정도로 랜드마크로 인식한다. 낙차가 워낙 커서 유수량이 적은 시기에는 물이 맨 아래까지 미처 떨어지지 못하고 도중에 안개가 되어 날아가 버리기도 한다. 운이 좋으면 폭포에 걸린 무지개도 감상해 볼 수 있다.

카나이마 국립 공원은 아직 활발하게 개발이 이루어지지 않아 여행하려면 보통 비행기와 보트를 타고 접근해야 한다. 특히 앙헬 폭포를 보려면 새벽부터 서둘러야 한다. 바람과 물보라를 맞으며 보트를 타고 4시간 넘게 가야

카나이마 국립 공원 © 김찬주

폭포 가까운 육지에 도착할 수 있다. 보트에서 내려 다시 1시간 넘게 올라가야 폭포를 가장 근접한 곳에서 만날 수 있다.

세계에서 가장 긴 신령스러운 앙헬 폭포. 거대한 폭포와는 또 다른 느낌의 신비스러운 폭포를 마주하는 순간, 믿어지지 않는 풍경 앞에서 눈이 휘둥그레진다. 일생에 한 번쯤 경험하게 되는 대자연의 거대한 에너지와 맞닥뜨리는 일은 평생 못 잊을 순간이다.

태초의 원시 풍경과 만나는 초원의 솔롱고스

몽골Mongolia

아무리 물질 만능의 시대에 살고 있지만 인간의 삶은 궁극적으로 정신과의 싸움에서 이길 때 진정한 승자가 된다. 지구촌 어느 곳에는 물질을 향해 쾌속 질주하는 대신 거꾸로 가는 것처럼 보이는 세상에서 살아가는 사람들도 있다. 물질 문명을 향해 빠르게 달리기만 할 것이 아니라 한 번쯤 브레이크를 밟고 잠시 멈춰 서서 세상을 거꾸로 돌려 보면 인간적인 소박함과 순수성, 진정성이 빛나는 정신적 자양분임을 알게 된다. 적게 가지고 조금 느리게 살아가면서 이웃과 나누는 일상의 따듯한 마음을 잃지 않는다면 오히려 정신적인 풍요를 얻을 수 있다. 항상 다정하고 친절하게 미소를 머금은 삶의 여유를 가질 때 마음의 평정은 얻을 수 있는 것이다 .

북아시아 내륙국 몽골은 남북은 짧고 동서로 길게 뻗어 러시아와 중국과 국경이 접해 있는 유목민의 나라다. 몽골은 다양한 자연 경관을 품고 있다. 평균 고도가 해발 1,585m에 이르는 고지대에는 끝없이 넓은 초원이 펼쳐져 있고, 알타이 산맥 사이로는 거대한 고비 사막을 품고 있어 넓은 땅에 비해 사람이 살 수 있는 곳은 적어 세계에서 인구 밀도가 가장 낮은 나라 가운데 하나다. 인구의 대부분은 수도 울란바토르Ulaanbaatar에 모여 살고 초원에는 유목민들이 그들만의 고유한 전통을 지키며 가축을 기르고 평화롭게 살고 있다.

몽골의 역사에서 칭기즈 칸Genghis Khan을 빼놓고는 말할 수 없다. 그는 13세기 세계에서 가장 유명한 정복자 가운데 한 사람이다. 유목민 부족들로 분산되어 있던 몽골을 통일하고 제국의 군주라는 뜻이 담긴 '칸Khan'에 올라 몽골의 영토를 중국에서 아드리아해까지 확장시킨 인물이다. 그의 본명은 테무진Temjin인데 아버지 예수게이Yesügei가 패배시킨 적장의 이름을 본뜬 것이라고 하니 아이러니하다. 칭기즈 칸에 대한 평가는 피의 복수로 이어진 야만적인 영토 정벌자라는 부정적인 측면도 있지만 합리적이고 민주적이며 군사적으로 용맹함과 탁월한 재능을 가지고 있는 위대한 리더라는 인식도 있다. 칭기즈 칸은 몽골 국민의 자부심이다. 그의 출생 연도와 생애의 많은 부분은 지금까지도 불확실하며, 무덤의 위치도 밝혀지지 않아 많은 미스터리를 남기고 있다.

2001년 몽골의 초원으로 여행하면서 게르에서 묵은 일은 잊을 수 없는 추억으로 남아 있다. 몽골 여행에서 빼놓을 수 없는 매력은 뭐니 뭐니 해도 말을 타고 드넓은 푸른 초원을 달려 보는 일이다. 몽골 사람들은 세 살부

몽골의 밤하늘 © 의자

게르가 있는 풍경 © 김찬주

터 말을 탄다고 하니 그들에게 있어서 말이란 한 가족이나 다름없다. 끝없이 펼쳐진 광활한 원시 자연 위에서 말과 하나되는 순간을 경험해 보는 일은 특별하다. 사람들은 말과 하나되어 세계에서 가장 큰 영토를 정복한 칭기즈 칸의 강인함과 호연지기를 배우기 위해 몽골을 동경하고 여행을 떠난다.

몽골은 국토의 4/5가 완만한 초원으로 이루어져 있다. 목초지가 좋아 몽골 사람들은 수백 년 동안 가축을 키우며 사는 유목 생활을 했다. 그들은 나무로 뼈대를 만들고 그 위에 짐승의 털로 만든 천을 덮어 밧줄로 묶어 만드는 몽골의 전통 가옥 게르ger라는 독특한 집을 짓고 산다. 게르의 가장 큰 특징은 만들기도 쉽고 헐기도 빠르다는 점이다. 여름에는 풀이 있는 산

정상에서 가축을 키우다 겨울이면 낮은 지대로 이동해서 시간을 보내야 하기 때문에 접고 펼치기에 더없이 좋은 매우 합리적이고 실용적인 게르라는 집을 만들게 된 것이다. 게르는 그야말로 초원 위의 그림같은 하얀 집이다. 원형의 지붕 천정에는 여닫을 수 있는 통풍구가 있어 빛과 바람이 소통되고 그 안은 참 아늑하다. 초원의 게르에서 맞는 일몰 풍경도 압권이지만 하룻밤을 보내면서 손에 잡힐 듯 쏟아지는 밤하늘의 투명한 별빛을 감상하는 일은 태고의 신비 그 자체이다. 시간이 정지된 원시의 풍경과 마주하는 순간, 몸과 마음이 정화되는 듯 깨끗해진다.

몽골 여행에서 가장 많은 사람들이 찾는 곳은 수도 울란바토르에서 약 37km 떨어진 곳에 위치한 테를지Terelj 국립 공원이다. 1993년 몽골에서 국립 공원으로 지정하고 유네스코 세계문화유산으로 등재된 이 국립 공원은 매우 아름다운 암석으로 이루어져 있다. 거북 모양의 바위가 유명하며 독수리 체험도 즐길 수 있다. 공원에는 야생화가 아름답게 군락을 이루고 있어 눈을 즐겁게 하고 트레킹도 할 수 있어 등산을 좋아하는 사람이라면 만족할 만한 여행지이다.

몽골 여행의 또 다른 코스 중 하나는 고비 사막 여행이다. 고비 사막은 희귀 동물의 서식지이며 세계에서 얼마 남지 않은 미지의 자연 그대로를 간직한 곳이다. 고비 사막이라고 하면 참을 수 없는 뜨거운 열기와 황폐함, 끝없는 모래 언덕을 상상하지만 사실은 산과 숲, 온천과 호수, 풍부한 동물이 서식하고 있다. 거친 오프 로드 사막을 달리다 보면 우리나라 성황당과 비슷한 '오보Ovoo'를 만날 수도 있고, 뜻밖의 난관에 부딪히기도 한다. 문명에 길들여지지 않은 뜻밖의 세계를 만날 수 있는 곳이 바로 몽골이다.

끝없이 펼쳐져 있는 초원 너머 칭기즈 칸의 숨결이 스며 있는 태고의 아름다움을 간직한 몽골. 그 때묻지 않은 원시의 고요함 속에는 망각의 강에서 건져 올린 자연의 보물들로 가득하다. 대초원에서 느끼는 광활함과 높고 청명한 몽골 하늘은 물감을 뿌린 듯 파랗다. 끝없는 초원과 사막이 공존하는 몽골에서 석양을 배경으로 대지의 기운을 가득 담은 마두금馬頭琴 소리는 폐부를 찌른다. 문명의 발길이 느리게 느리게 닿으며 인간의 발길을 쉽게 허락하지 않는 태초의 땅 몽골에서 원초적인 것에 대한 동경심을 일깨워 보는 것도 여행이 주는 선물이다.

식민 문화가 공존하는 남미의 숨은 진주

우루과이 Uruguay

긍정의 마음은 우리가 믿는 대로, 생각한 대로 이루어지게 해 주는 마술 램프와 같다. 언제 죽을지 모르는 절박한 상황에서도 긍정의 마음으로 하루하루를 보낸 사람들은 기적처럼 살아나기도 한다. 긍정의 마음은 생명을 살리는 신비한 힘을 갖고 있다. 가진 것이 많거나 없을지라도 바르게 즐거이 살겠다는 긍정의 마음은 자신을 바로 세우고 살찌우는 귀한 양식이 된다.

남미에서 가장 살기 좋은 나라는 어디일까. 우루과이다. 중남미 국가 가운데 가장 체계적인 사회 보장 제도를 확립하고 있어 '남아메리카의 스위스'라고 일컬어진다. 남아메리카 남동부에 위치해 있으면서 남미 대륙에서 두 번째로 작은 나라지만 사회 복지와 민주주의의 전통을 가지고 있어 남아메리카에서 최고 수준의 문화를 누리고 있는 나라가 바로 우루과이다. 우루과이는 북동쪽으로 브라질, 남동쪽으로 대서양과 접해 있다. 서쪽 경계선 전체는 우루과이 강이 아르헨티나와의 국경을 이루며 흐른다. 국토 전체가 남회귀선보다 남쪽에 있는 우루과이는 인접한 브라질과 아르헨티나의 정치·경제적 그늘 속에 오랫동안 놓여 있어 이 두 나라와 많은 문화·역사적 유사성을 가지고 있기도 하다.

수도 몬테비데오Montevideo에는 많은 박물관과 옥외 시장, 고급 식당을 갖추고 있어 매년 각국에서 수천 명의 여행객들이 방문한다. 피리아폴리스Piriápolis와 푼타 델 에스테Punta del Este와 같은 해변 휴양지에도 여가를 즐기려는 사람들로 북적거린다. 우루과이 해변은 남미의 모로코, 남미의 마이애미라는 별칭이 붙을 정도로 인기 있는 휴양지가 많다. 유명 셀럽들이 즐겨 찾는 푼타 델 에스테는 해안선을 따라 멋진 리조트와 호텔들이 있고 거대한 손가락 조각상과 백사장에는 멋진 나무들로 잘 정비되어 있어 남미 여행의 휴식처로 안성맞춤이다.

우루과이는 비록 작은 나라지만 매우 인상적인 예술과 문학적 전통을 지니고 있다. 우루과이 사람들은 누구보다 그들의 전통과 문화 예술을 사랑한다. 대초원 지대에 살며 유목 생활을 하던 남미의 카우보이를 지칭하는 가우초gaucho의 후예라는 높은 자부심을 갖고 있다. 가우초는 문학적으로도 상당한 발달을 이루었으며 그들은 민족 영웅으로 칭송 받았다. 우루과이는 여러 면에서 천혜의 자연환경과 식민 역사가 만들어낸 독특한 문화로 남미의 숨은 진주로 불린다.

전형적인 식민 도시로 건설된 우루과이에서 가장 오래된 도시 콜로니아 델

콜로니아 델 새크라멘토 역사지구 © 김찬주

새크라멘토Colonia del Sacramento 역사 지구는 1995년 세계문화유산으로 지정된 중남미 대륙의 중요 문화 유산이다. 1680년 처음 포루투갈에 의해 건설된 요새였으나 1777년 스페인 왕국에 대항하는 전략적 기능을 잘 충족시키는 도시 형태로 발전했다. 이곳에서 스페인과 포르투갈은 1748년까지 다섯 번에 걸쳐 전쟁을 치뤘다. 그때마다 주인이 바뀌는 참혹한 역사를 지닌 곳이기도 하다. 지금은 스페인과 포루투갈의 건축 양식이 융합 혼재된 이색적인 풍경을 간직하며 독특한 지리 문화적 유산을 간직하고 있다.

양국의 문화가 공존하며 조화를 이루고 있는 콜로니아 델 새크라멘토 역사 지구의 거리에는 오랜 역사의 흔적을 말해 주듯 곳곳에 깔려 있는 자갈길이 순례객을 반긴다. 흑인 노예들이 항구에서 내려 걸어갔다는 탄식의 거리, 한숨의 거리, 매춘부와 선원들이 들끓었던 남녀 사랑의 거리를 신호등 없이 걸어 보는 것도 여행의 재미다.

7개의 박물관과 100년 전에 지어진 투우 경기장, 바다까지 이어진 성벽은 아름답다 못해 무척 정답다. 우루과이에서 가장 오래된 교회와 거리 풍경, 작은 갤러리들과 옛 풍차를 개조해서 만든 레스토랑에서 볼거리와 먹거리를 충분히 즐길 수 있다. 수녀원 터에 세워진 등대에 오르면 구시가지 전경이 한눈에 들어온다.

1998년 아르헨티나 부에노스아이레스Buenos Aires에서 배를 타고 도착한 우루과이 여행은 여러모로 색다른 경험을 할 수 있었다. 거리 곳곳에서 포르투갈의 푸른색 장식을 접할 수 있었으며 건물 양식과 색깔은 스페인 최남단의 도시 안달루시아Andalucia 지방에 온 듯한 착각에 빠져들게 했다. 아름다운 꽃들로 장식되어 있는 우루과이 골목길 카페에서 차 한잔의 여유를 부린다면 남미 대륙의 넓은 나라에서 주는 피로감을 말끔히 씻을 수 있으리라.

태양과 바람,
파도가 조각한 빙하의 세상

남극The Antarctica

세상에는 우리가 보는 것만 존재하는 게 아니다. 우리가 보는 것은 '빙산의 일각'에 불과할지 모른다. 빙산의 일각이란 보이는 것은 극히 일부이고 감춰져서 보이지 않는 부분이 더욱 크다는 의미이다. 결국 지금 우리가 보고 있는 것은 보이지 않는 것의 가시적인 나타남이다. 그렇다면 우리는 무엇을 보고 믿어야 할까. 보이는 것만 믿는 사람도 있을 것이고, 보이는 것이 전부가 아니라고 믿는 사람도 있을 것이다. 자신이 옳다고 믿는 것을 계속하다가 눈에 보이는 결과가 나오지 않을 때 눈에 보이는 게 전부가 아니라고 마음을 돌려 보면 어떨까. 보이지 않는 부분에 대한 믿음을 갖고 최선을 다한다면 언젠가는 틀림없이 좋은 결과를 얻을 수 있으리라.

남극은 남극 대륙Antarctica과 주변을 둘러싸고 있는 남극해를 총칭하는 말이다. 지구의 최남단이자 남쪽 정중앙인 남위 90°의 남극점이 대륙 한가운데에 위치한다. 지구 자전축의 남쪽 꼭짓점인 남극점은 1911년 12월 14일 오후 3시 노르웨이 탐험가 아문센Roald Amundsen에 의해 최초로 발견되었다. 남극점은 말 그대로 지구의 최남단에 위치해 있고 지구가 돌고 있는 지축이 공전 궤도면에서 약 23.5° 기울어져 있기 때문에 6개월이 낮이고 6개월이 밤이다. 남극은 지구상에서 다섯 번째로 큰 면적을 가진 가장 추운 곳이다. 전체 면적의 약 98%가 일 년 내내 두꺼운 빙원으로 덮여 있어 '백색의 제 7대륙'이라 불린다. 남극 대륙은 사람이 살기에는 부적합한 환경으로 세계와 환경에 대한 심도 있는 연구를 하는 과학기지만 존재한다.

남극은 남극 조약으로 인해 2048년까지 중립 지대로 선포되어 지구상에서 그 어떤 국가의 영토도 없는 유일한 대륙이다. 세계는 1990년도에 남극을 최대한 오염시키지 않고 연구 목적으로만 사용하자는 약속에 합의하고 오염과 인위적 변화에 대해 극도로 조심하고 있다. 남극 대륙 주변을 남극해가 둘러싸고 있다. 육지의 방해가 없어 이곳의 해류는 지구상에서 가장 빠른 속도로 흐른다.

남극 대륙을 둘러싼 남극해에는 다양한 해양 생물들이 살고 있다. 대표적으로 펭귄, 물개, 갈매기, 고래를 비롯해 크릴새우 등 플랑크톤과 희귀종들이 서식하고 있다. 남극에는 엄청난 지하자원이 매장되어 있어 세계에서 남극을 차지하기 위한 도전을 멈추지 않고 있다. 남극은 세계에서 가장 바람이 세게 부는 곳이기도 하다. 세상에서 가장 강력한 눈 폭풍 블리자드blizzard가 불며, 미세한 눈 알갱이가 날리면서 시야가 안 보이는 화이트아

빙하 © 의자

웃white-out 현상을 일으키기도 한다.

남극 여행은 비용도 많이 들고 쉽게 갈 수 없기에 보편화되어 있지는 않지만 불가능한 것은 아니다. 1998년 대부분의 여행객들처럼 크루즈를 이용해 남극 땅을 밟았다. 남극을 탐험하는 크루즈 여행은 아름다운 극지의 풍경을 볼 수 있고 이색적인 경험을 할 수 있어 많은 사람들이 버킷리스트로 꼽는다. 크루즈는 세계에서 가장 남쪽에 있는 도시이자 남극 반도의 관문인 아르헨티나 우수아이아Ushuaia나 칠레의 푼타아레나스Punta Arenas에서 출발한다. 탐험 유람선은 기후 조건이 비교적 온화한 11월부터 3월까지의 남극 여름 동안 운행되고, 여행 기간은 8일에서 21일까지 다양하다. 크루즈는 남미 대륙에서 남극으로 통하는 지구에서 가장 거친 해협인 드레이크 해로를 지나 고무보트 조디악Zodiac을 타고서야 남극 대륙에 첫발을 내딛을 수 있다. 남극 대륙을 모두 여행할 수는 없고 사우스셰틀랜드 제도South Shetland Islands, 남극 반도Antarctic Peninsula, 포클랜드 제도Falkland Islands와 같은 다양한 남극 지역을 둘러볼 수 있다.

남극 여행은 심장을 뛰게 하는 일생의 단 한 번 가질 수 있는 여행이다. 탐험에 가까운 여행이라 할 수 있다. 남극 여행을 표현하는 수식어는 많다. 수많은 펭귄의 앙증맞고 귀여운 모습들, 고래가 내뿜는 하얀 포말의 분수, 얼음 위에서 뒹구는 바다표범, 거대한 자연 조각 작품 빙하의 눈부신 아름다움, 영롱한 푸른빛을 내뿜으며 이 세상 풍경이 아닌 듯 웅장한 모습으로 버티고 있는 빙산, 하늘 위를 나는 가장 크고 가장 빠른 새 알바트로스Albatross, 세계에서 가장 남쪽에 있는 펭귄 우체국 포트 록로이Port Lockroy, 오로라에 이르기까지 문명화된 대륙들에서 멀리 떨어져 때묻지 않은 천혜의 숨막히는 자연 풍광은 경외심과 함께 절로 탄성이 나온다.

눈과 얼음의 땅, 얼음 아래 엄청난 화산을 품고 있는 남극. 남극의 풍경을 어떻게 설명할 수 있을까. 이 세상의 끝자락에 있는 남극은 분명 상상의 대륙이다. 이 위대한 대륙이 인류 공동의 땅으로 언제까지나 남아 있기를 간절히 기대해 본다.

신비의 소금 사막에서 만난 마법의 풍경들

볼리비아Bolivia

운명은 자신을 지배한다고 믿는 초인적인 힘을 말한다. 운명은 스스로 믿는 자에게 존재한다. 그렇다고 운명에 무조건 끌려갈 필요는 없지 않을까. 많은 성공한 사람들의 공통된 특징은 바로 스스로가 운명의 지배자가 되는 것이다. 반면 실패한 사람들의 대부분은 운명에 굴복하여 변명을 늘어놓고 문제를 남의 탓으로 돌리며 자기 앞에 놓인 현실을 피하려는 경향이 강하다. 하늘은 스스로 돕는 자에게 문을 열어 주듯 운명도 스스로 개척하고 도전하는 자에게 자석처럼 좋은 기운이 끌려오는 것이다. 때때로 여행은 밝은 생각을 끊임없이 내뿜을 수 있게 하고 운명을 바꾸어 인생 항로를 급선회할 수 있는 기회를 만들어 준다. 여행은 운명을 바꿀 절호의 찬스인지도 모르겠다.

남아메리카 중앙부에 위치한 볼리비아는 안데스 산맥이 국토의 약 1/3을 차지하는 고산국가이다. 국토의 반 이상이 삼림으로 이루어져 있어 경작 가능한 지역은 국토의 3%에 불과하다. 수도 라 파스La Paz는 세계에서 가장 높은 해발 4,000m 가까이 위치해 있다. 볼리비아는 북쪽과 동쪽으로 브라질, 남동쪽으로 파라과이, 남쪽으로 아르헨티나, 남서쪽과 서쪽으로 칠레, 북서쪽으로 페루와 국경을 접하고 있는 고대 잉카 제국의 화려한 역사를 가진 나라다. 국민의 대부분은 인디언과 스페인계, 스페인계 혼혈인 메스티소Mestizo의 인종 집단으로 구성되어 있다. 용맹한 잉카 제국의 후예라는 자부심과 풍부한 광물질, 드넓은 자연 환경을 가진 볼리비아는 남미 여행에서 빼놓을 수 없는 곳이다.

1998년 여행한 볼리비아에는 가 볼 만한 유적지와 여행지가 넘쳐 났다. 아마존 유역에서 가장 규모가 크고 원시 상태 그대로 보존된 노엘 캠프 메르카도Noel Kempff Mercado 국립 공원은 2000년 세계문화유산으로 지정되어 세계에서 손꼽힐 만큼 다양한 생태학적인 가치를 지니고 있다. 호세 미겔 데 벨라스코José Miguel de Velasco 지방의 산타크루스Santa Cruz 주 북동부에 위치한 노엘 캠프 메르카도 국립 공원은 세계 최대의 동식물이 서식한다.

이곳에는 약 4,000여 종의 관다발 식물과 130여 종 이상의 포유류들의 보금자리가 되고 있다. 600여 종의 조류와 곤충이 서식하고 있어 생태계의 보물 창고 같은 곳이다. 코난 도일Conan Doyle의 소설 『잃어버린 세계』에서 외부 세계와 단절된 남아메리카의 어느 오지에서 원인猿人과 공룡들을 발견하고 시간이 멈춰 버린 것 같은 고원 지역을 탐험하는 내용을 담고 있는데 이곳이 바로 그 배경이다.

노엘 캠프 메르카도 국립 공원 © 김찬주

안데스 산맥이 관통하는 볼리비아에서 가장 유명한 관광 명소는 살라르 데 우유니Salar de Uyuni라 불리는 소금 사막이다. CNN이 선정한 죽기 전에 가봐야 할 여행지 1위, 세계에서 가장 경이로운 자연 경관 2위에 꼽히는 우유니 소금 사막은 모든 여행자들의 버킷리스트이자 로망이다. 우유니 소금 사막은 알티플라노Altiplano 고원 해발 3,656m 지점의 바람이 휘몰아치는 건조 지대에 자리잡고 있다. 소금으로 뒤덮인 황무지로 볼리비아에서 가장 큰 땅을 차지하고 있다. 오랜 옛날 바다였던 이곳에 안데스 산맥의 지각 변동으로 바다가 우뚝 솟아 지대에 갇히게 되고 건조한 날씨 탓에 바닷물이 증발하면서 소금 사막이 된 것이다.

우유니 사막 여행을 즐기는 방법은 두 개의 시즌에서 선택할 수 있다. 하나는 12월에서 4월 우기철과 6월에서 9월 겨울철인데 각기 다른 풍광을 연출한다. 우기가 되면 빗물이 고여 거울 효과가 극대화되는 세계에서 가장 큰 거울 호수를 만날 수 있다. 세상에서 가장 큰 거울이라는 별명이 붙을 만큼 하늘과 땅의 경계가 사라지고 푸른 하늘과 구름이 사막에 투영되어 절경을 이룬다. 여행자들은 하늘과 땅이 맞닿아 물빛에 반영反影이 일어나면서 더욱 아름다운 풍광을 연출하는 그 순간을 원근감이 사라지는 사진 촬영 기법으로 저마다 인증샷을 남기기도 한다. 겨울철 여행의 백미는 밤하늘의 별들을 보는 일이다. 구름 한 점 없이 쏟아져 내리는 밤하늘의 별들을 감상하면 마치 다른 행성에 온 듯한 착각에 빠져든다.

우유니 소금 사막에서는 길을 잃기 쉽다. 반드시 전문 투어로 예약을 해야 한다. 눈으로 보고도 믿기지 않는 하얀 소금 사막 위를 자동차가 달린다. 유유니 소금 사막에서 만들어 내는 여러 가지 경이로운 풍경들은 여행이 주는 기쁨과 즐거움, 호기심과 환희, 생경함과 충만감으로 가득하다. 볼리비아의 상징 동물인 라마llama도 만날 수 있고, 홍학이라 불리는 붉은색 플라밍고Flamingo와 선인장으로 가득한 잉카와시 섬Isla Incuahuasi에도 가 볼 수 있다.

세계 최대 규모의 우유니 소금 사막에서 맞는 일출 일몰 장면은 뭐라 형용할 수 없는 신비와 아름다움을 간직하고 있다. 새하얀 소금 사막이 온통

우유니 소금 사막 © 의자

파란 하늘과 붉은 빛으로 변하는 순간, 시각적 황홀함에 숨이 멎는다. 맨발로 소금 사막을 걸으며 어디가 하늘인지, 어디가 바다인지 분간이 어려워 하늘과 땅은 하나가 된다. 시리도록 아름답고 경이로운 풍경 앞에 서면 자연의 위대함에 숙연해지기까지 한다.

우리가 알고 있는 사막이라는 개념을 완전히 바꾸어 버리는 우유니 소금 사막. 눈처럼 새하얀 소금들이 빛을 받아 다이아몬드처럼 찬란하게 빛난다. 이런 압도하는 풍광은 세상 풍경이 아닌 듯 절로 탄성이 나온다. 변화무쌍한 마법의 풍경들을 뒤로 하고 천천히 사막을 걸어 나오면 사막에서 부는 바람이 등을 떠민다.

산과 호수의 조화로움을 간직한 로키 산맥의 대자연

캐나다 Canada

누구나 삶의 길이 있다. 어떤 이에게는 잘 닦여진 탄탄대로의 길이 펼쳐져 있지만 어떤 사람에게는 울퉁불퉁 험한 자갈길이 앞을 가로막기도 한다. 때로는 길을 잃고 절망하거나 방황할 때도 있다. 그럴 때 스스로 길을 개척해 나갈 힘은 어디에서 얻을 수 있을까. 떠날 수 있는 용기만 있다면 여행은 자신만의 길을 찾는데 기운을 불어넣어 준다. 여행은 삶과 삶을 이어 주는 위대한 인생의 길잡이가 되기도 한다. 한 번쯤 내 마음의 북극성을 찾아 길을 떠나 보자.

2000년을 맞아 캐나다를 두루 여행하면서 느낀 점은 캐나다 여행은 사계절이 모두 아름답지만 겨울이 압권이라는 사실이다. 설원에서 즐길 수 있는 스키와 스케이트 등 엑티비티도 많고 겨울의 풍광에서 이색적인 자연의 신비도 체험할 수 있다. 캐나다는 아메리카 대륙 북부에 위치하며 미국과 접한 국경의 길이가 8,890km로 세계에서 가장 길지만 국경에는 순찰이 없다. 국토의 80%가 내륙 분지 고지대로 둘러싸여 있다. 세계에서 가장 긴 강과 세계에서 가장 큰 호수를 가진 캐나다는 광활하고 아름다운 자연 환경을 품고 있어 여행자에게 동경과 큰 즐거움을 안겨 준다.

캐나다는 거대한 산맥을 두루 갖고 있다. 주요 산맥에는 로키Rocky 산맥, 코스트Coast 산맥, 로렌시아Laurentia 산맥이 있고 가장 높은 봉우리는 5,951m에 달하는 로건 산Mount Logan이다. 로키 산맥은 캐나다 브리티시 콜롬비아British Columbia 주에서 미국 뉴 멕시코New Mexico 주까지 남북으로 4,800km에 걸쳐 있다. 태평양 연안을 따라 뻗은 800km의 대상帶狀 산맥을 포함하는 지역이다. 동쪽 부분은 내륙평원 인접 지역에서 급격히 높아지고 북쪽을 제외하고는 남북 방향으로 뻗어 있다. 북쪽 끝에서는 동서 방향으로 굽어진 뒤 알래스카 반도Alaska Peninsula에 이른다.

북아메리카 대륙의 서쪽 대부분을 차지하는 로키 산맥 공원은 4개의 국립 공원과 3개의 주립 공원을 포함하는 7개의 인접 공원으로 구성되어 1984년 세계문화유산에 등재됐다. 밴프Banff 국립 공원, 재스퍼Jasper 국립 공원, 쿠트니Kootenay 국립 공원, 요호Yoho 국립 공원 중 밴프 국립 공원은 로키 산맥 여행의 중심지로 한 해에 수백만 명이 찾는 곳이다. 그 일대가 세계적인 관광 명소다.

밴프는 빼어난 자연 경관을 자랑한다. 해발 1,383m에 자리 잡고 있는 밴프는 로키 산맥 관광의 중심지이자 시작점이다. 춥고 험한 산악 지대에 있는 밴프가 세상에 널리 알려지게 된 것은 한 의사가 이곳에서 발견된 유

로키 산맥 © 김찬주

황 온천물이 치료 효과가 있다고 발표하면서 시작됐다고 한다. 건강에 대한 사람들의 관심이 얼마나 큰지 짐작된다. 밴프 국립 공원에 있는 루이스 Louise 호수는 시시각각 변하는 물빛으로 여행객들을 황홀경에 빠뜨린다. 이곳은 유네스코 선정 세계 10대 절경에 선정될 정도로 아름다운 호수다. 특유의 푸른 물빛과 훼손되지 않은 천연의 신비로움을 감상하며 사람들은 진정한 쉼을 경험한다.

거대한 바위산이 즐비하고 울창한 침엽수의 거대한 수묵화 속으로 빨려 들어가는 듯한 로키 산맥 여행은 일반적인 산의 풍경을 감상하는 것과는 사뭇 다르다. 해발 4,000m가 넘는 검은 색을 띤 돌산들은 우람한 자태를 뽐내며 서 있다. 그 높은 산들은 깊은 계곡을 이루어 그 계곡 사이로 작은 개울들이 끊임없이 흐른다. 흐르다가 막힌 곳은 돌아 흐르고 벼랑을 만나면

곤두박질쳐 떨어지면서 아름다운 폭포를 만들어 낸다. 이렇게 골골 개울들이 흐르다가 서로 만나고 다시 흐르기를 반복하며 때로는 아름다운 호수를 만들고, 때로는 만나서 더 넓고 큰 강을 이루어 어디론가 흘러간다. 하늘을 찌를 듯이 솟아오른 봉우리들은 사시사철 녹지 않는 만년설을 머리에 이고 영원의 시간 속에서 버티어 거대한 산성山城을 이루고 있다. 자연은 이렇게 멋진 솜씨로 한치의 오차도 없이 아름다운 풍경을 만들어 내니 어찌 위대하지 않을 수 있겠는가.

로키 산맥의 아름다운 풍광은 산과 물의 조화에 있다. 눈부신 만년설의 우람한 산봉우리들이 영롱한 에메랄드빛 호수를 품으며 서로 조화롭게 공존하는 로키 산맥. 산과 물의 아름다운 조화가 눈부시고 찬란하게 펼쳐지는 웅장한 대자연의 신비는 그 어디에서도 맛볼 수 없는 초현실적 체험이 아닐 수 없다. 만년설이 내려앉은 산맥과 빙하까지 만날 수 있다면 더없는 행운이다. 웅장한 자연이 끝없이 펼쳐지는 겨울 왕국 캐나다 로키 산맥으로의 여행은 자연과 하나되는 거룩한 순간이다.

퀘백에서(2000년)

다양한 생물들이 노니는 자연 진화 실험장

에콰도르 Ecuador

우리 앞에 행복과 불행의 두 갈래 길이 있다면 누구나 행복의 길을 선택할 것이다. 행복의 길로 들어서기 위해서는 선행되어야 할 조건이 있다. 바로 감사하는 마음을 가지는 일이다. 아름다운 자연을 볼 수 있는 빛나는 눈을 가진 것에 감사하고, 꼿꼿한 허리로 걸을 수 있는 튼튼한 두 다리를 가진 것에 감사할 일이다. 게다가 쓸데없는 시끄러운 소리를 걸러내는 총명한 두 귀와 역한 냄새를 멀리할 수 있는 향기로운 코를 가진 것은 얼마나 다행한 일인가. 여행에서 느끼는 여러 감정들을 감사의 마음으로 대한다면 그 여행은 더욱 값지고 풍요로워지리라.

남아메리카 대륙은 생명의 진화를 가장 잘 관찰할 수 있는 최적의 자연 환경을 가지고 있다. 대표적인 나라가 에콰도르다. 남태평양 연안에 있는 에콰도르는 북쪽으로 콜롬비아, 남동쪽으로 페루와 경계를 이룬다. 이곳으로 적도가 관통하고 있기 때문에 적도란 뜻을 가진 스페인어 '에콰도르'를 그대로 따와 나라 이름이 되었다. 실제로 적도가 지나가는 곳에 적도 기념관이 있다. 안데스 산맥이 북에서 남으로 관통하는 에콰도르에는 서쪽으로 1,000km 떨어진 해상에 20여 개의 섬과 암초로 이루어진 갈라파고스 Galapagos 제도가 있다. 이곳에는 지금도 많은 동식물이 진화를 거듭하고 있다.

안데스 산맥에서 갈라파고스 제도까지 펼쳐진 밀림과 바다에는 다양한 희귀 야생 동물들이 분포되어 살고 있다. 재규어, 맥, 개미핥기, 안경곰, 원숭이, 나무늘보, 콘도르, 벌새, 앵무새, 이구아나, 카이만악어, 거북, 물개, 상어, 돌고래, 군함조 등 다양한 생명체들이 서식하며 진화한다. 에콰도르 본토와 갈라파고스 제도 곳곳에는 야생 동식물들의 서식지를 보존하기 위해 국립 공원으로 지정되어 있다. 갈라파고스 제도는 섬 전체 면적의 97%가 국립 공원이고 1978년 유네스코 세계문화유산으로 등재되었다.

'갈라파고Galapago'는 안장이란 뜻으로 갈라파고스의 대표 명물 땅거북의 등껍질 모양에서 유래했다. 갈라파고스 제도는 찰스 다윈의 진화론이 탄생한 곳으로 유명하다. 찰스 다윈은 1835년에 해군 측량선 비글Beagle 호를 타고 탐험하는 과정에서 우연히 이곳을 발견하고 유난히 다양한 동식물들을 관찰 기록했다. 19세기에 다윈이 목격한 갈라파고스는 화산 용암이 심해에서 솟구쳐 올라온 땅으로 바다 이구아나, 작은 새 종류, 털물개, 자이언트 거북, 열대 펭귄과 같은 생명들이 800만 년에 걸쳐서 진화한 세계였다. 다윈은 이곳의 생물들이 진화해 가는 과정을 관찰하면서 진화는 자연

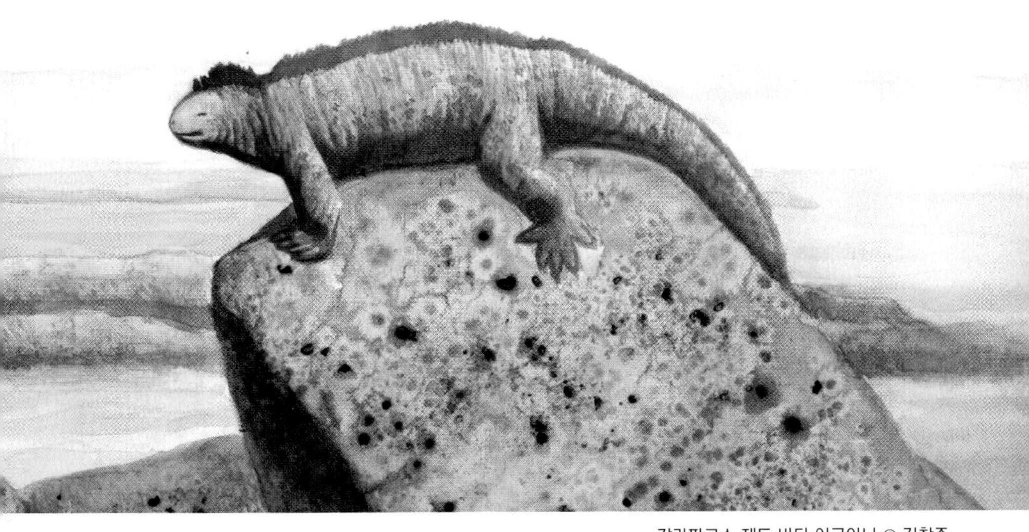

갈라파고스 제도 바다 이구아나 © 김찬주

선택에 의한 것이라는 진화론의 이론을 정립했다. 그는 갈라파고스에 사는 무수한 생명체의 진화 과정을 정리하여 1835년 『종의 기원』을 완성하며 "이 작은 불모의 바위섬에서 펼쳐진 창조의 힘에 놀라게 된다."고 적었다.

바다 이구아나는 '바다도마뱀'으로 불라는데 갈라파고스에서만 서식한다. 초식 동물이지만 수중에서 먹이를 찾는 유일한 해양성 파충류이다. 섬이 메마르고 돌이 많기 때문에 조류를 주식으로 하게 되었고 환경에 적응하면서 진화한 생명체다. 다 자란 바다 이구아나는 40~60분 동안 숨을 참을 수 있고 심해 15m까지 잠수할 수 있는 능력을 가진다. 또 다른 희귀 동물로 바다사자를 들 수 있는데, 이곳 바다에만 5만 마리가 살고 있다. 이구아나의 먹이가 되는 선인장도 자신을 보호하기 위해 큰 나무처럼 성장한다. 갈라파고스에는 돌연변이의 괴짜들이 사는 진화의 실험장이다.

19개 섬으로 형성된 갈라파고스에는 지금도 화산과 지진 활동이 진행 중이며, 한 형태에서 다른 형태로 변화하는 진화도 계속되고 있다. 지금도 다윈의 연구를 이어 과학자들은 지형적 변화에 따른 종의 분배 증거를 관찰하고 있다. 진화는 자연 세계에서 그 생활 조건에 적응하는 생물만 살아남고, 그렇지 못한 생물은 저절로 사라지는 일이다. 진화에 대한 관찰은 이 섬에서 활발히 이루어지고 있어 경건한 생각마저 든다. 한 가지 슬픈 소식은 현재 갈라파고스의 생물들은 외래종과 질병의 침범, 해양 식량 자원의 축소, 동물 서식지에 대한 피해로 위협받고 있다는 사실이다. 게다가 해수면의 상승과 온도 상승, 기후 변화로 종의 다양성에 큰 손실을 가져오고 있다니 안타깝기만 하다.

최고의 자연을 간직한 자연의 진화 실험장 갈라파고스. 다양한 생물들이 바닷속에서 질서를 지키며 생긴 대로, 주어진 대로 제각각의 모습으로 조화롭게 살아가고 있는 모습이 아름답다. 자연의 이치는 이렇듯 단순하면서도 신비하다. 때로는 환경에 맞게 조금씩 진화하면서 주어진 조건에 최선을 다하며 살아가는 생물들에게서 인간이 배워야 할 점이 적지 않다. 신비한 수중 세계를 간직하며 다양한 생물들을 관찰하고 해변 레저를 즐기기 위해 매년 10만 명 이상의 관광객이 갈라파고스를 방문한다. 여행자들은 지구상의 온갖 희귀 생물이 어떻게 자연 친화적으로 진화하며 적응하여 살아가는지를 오감으로 느낄 수 있다.

여행 리스트

1987년~2023년

[북미North America]

그린란드Greenland

미국United States of America

멕시코Mexico

캐나다Canada

[중미Middle America]

과테말라Guatemala

니카라과Nicaragua

도미니카공화국República Dominicana

벨리즈Belize

엘살바도르El Salvador

온두라스Honduras

자메이카Jamaica

코스타리카Costa Rica

쿠바Cuba

파나마Panama

[남미South America]

가이아나Guyana

베네수엘라Venezuela

볼리비아Bolivia

브라질Brazil

아르헨티나Argentina

에콰도르Ecuador

우루과이Uruguay

칠레Chile

콜롬비아Colombia

파라과이Paraguay

페루Peru

남극Antarctica

[아시아Asia]

네팔Nepal

대만Taiwan

라오스Laos

레바논Lebanon

마카오Macao

말레이시아Malaysia

몰디브Maldives

몽골Mongolia

미얀마Myanmar

바레인Bahrain

방글라데시Bangladesh

베트남Vietnam

부탄Bhutan

북마리아나 제도

Northern Mariana Island

(괌Guam/사이판Saipan)

북한North Korea

브루나이Brunei

사우디아라비아Saudi Arabia

스리랑카Sri Lanka

시리아Syrian Arab Republic

싱가포르Singapore

아랍에미리트United Arab Emirates

아르메니아Armenia

아제르바이잔Azerbaijan

아프가니스탄Afghanistan

오만Oman

요르단Jordan

우즈베키스탄Uzbekistan

이라크Iraq

이스라엘Israel

이란Iran

인도India

인도네시아Indonesia

일본Japan

중국China

카자흐스탄Kazakhstan

카타르Qatar

캄보디아Cambodia

쿠웨이트Kuwait

키르기스탄Kyrgyzstan

타지키스탄Tajikistan

태국Thailand

투르크메니스탄Turkmenistan

티베트Tibet

파키스탄Pakistan

팔레스타인Palestine

필리핀Philippines

[유럽Europe]

독일Germany

라트비아Latvia

그리스Greece

네덜란드Netherlands

노르웨이Norway

덴마크Denmark

러시아Russia

루마니아Romania

리투아니아Lithuania

모나코Monaco

몰도바Moldova

몰타Malta

룩셈부르크Luxembourg

리히텐슈타인Liechtenstein

마케도니아공화국
Republic Of Macedonia

몬테네그로Montenegro

바티칸시국State of the Vatican City

벨기에Belgium

벨라루스Belarus

보스니아헤르체고비나
Bosnia and Herzegovina

북마케도니아North Macedonia

불가리아Bulgaria

산마리노San Marino

세르비아Serbia

스웨덴Sweden

스위스Switzerland

스페인Spain

슬로바키아Slovakia

슬로베니아Slovenia

아이슬란드Iceland

아일랜드Ireland

알바니아Albania

영국United Kingdom

오스트리아Austria

우크라이나Ukraine

이탈리아Italy

조지아Georgia

체코Czech

크로아티아Croatia

튀르키예Türkiye

포르투갈Portugal

폴란드Poland

프랑스France

핀란드Finland

헝가리Hungary

[아프리카Africa]

감비아Gambia

나미비아Namibia

남아프리카공화국South Africa

레위니옹Réunion

리비아Libya

마다가스카르Madagascar

말리Mali

모로코Morocco

모리셔스Mauritius

모잠비크Mozambique

보츠와나Botswana

사하라 아랍민주공화국
Sahrawi Arab Democratic Republic

세네갈Senegal

세이셸Seychelles

스와질란드Swaziland

시에라리온Sierra Leone

알제리Algeria

에티오피아Ethiopia

이집트Egypt

잠비아Zambia

짐바브웨Zimbabwe

케냐Kenya

탄자니아Tanzania

튀니지Tunisia

[오세아니아Oceania]

뉴질랜드New Zealand

뉴칼레도니아New Caledonia

바누아투Vanuatu

사모아Samoa

솔로몬제도Solomon Islands

오스트레일리아Australia

통가Tonga

투발루Tuvalu

파푸아뉴기니Papua New Guinea

피지Fiji

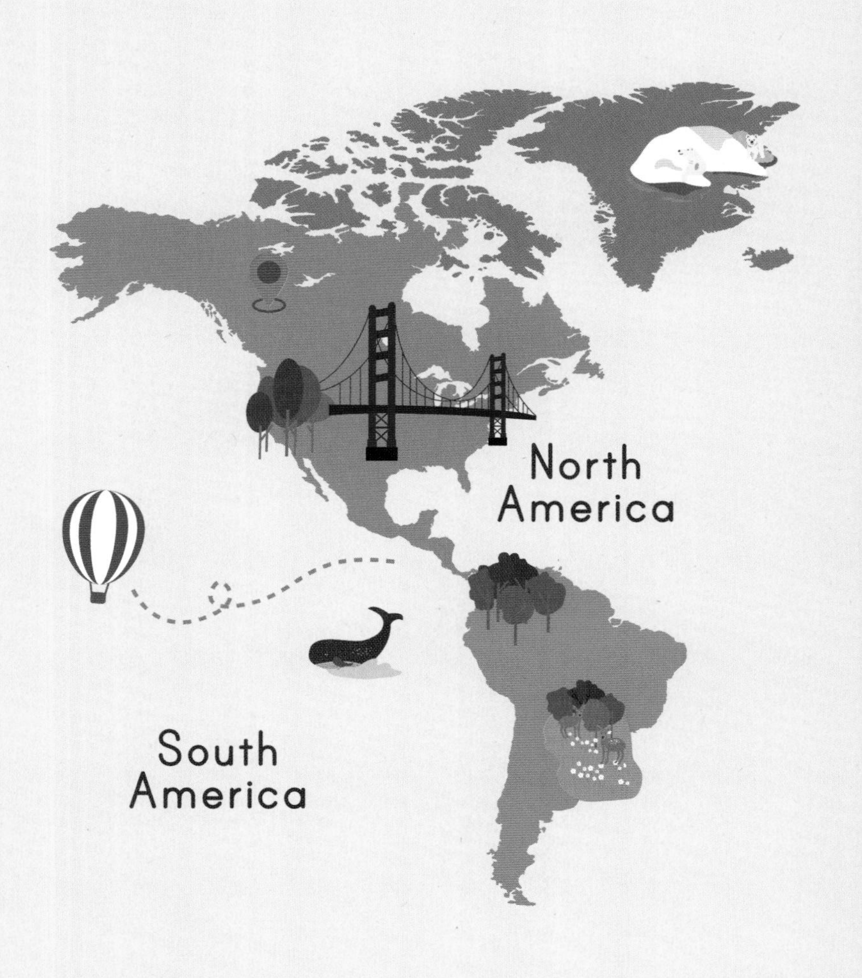
North
America
South
America

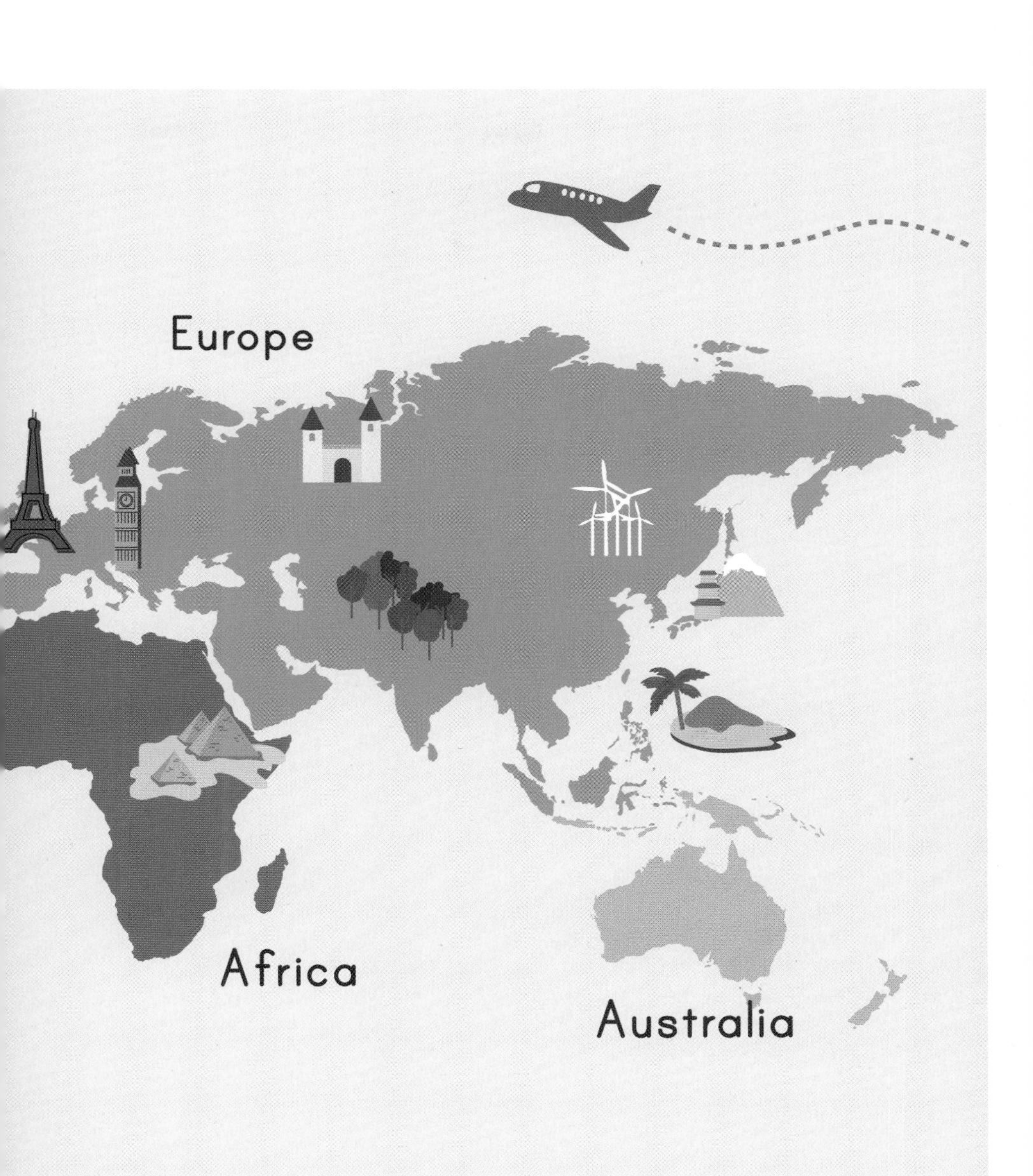
Europe
Africa
Australia

세계문화유산과 함께하는

지구촌 순례기

초판 인쇄 2023년 9월 12일
초판 발행 2023년 9월 19일

지은이 도영 스님
펴낸이 이철순
디자인 최혜주
교정 정태화

펴낸곳 해조음
출판등록 2003년 5월 20일 제 4-155호
주소 대구광역시 동구 파계로 71 팔공보성타운 306/1601
전화번호 053-624-5586
전자우편 bubryun@hanmail.net

ISBN 978-89-92745-00-0 03980

책값은 뒤표지에 있습니다.
잘못된 책은 교환해 드립니다.